반도체 센서

Semiconductor Sensors

김현후 · 최병덕 공저

SEMICONDUCTOR

내하출판사

21세기는 기술 혁신의 속도가 그 어느 때보다 빠르게 진행되는 시기이다. 특히 4차 산업혁명은 인공지능(AI), 사물인터넷(IoT), 빅데이터, 로봇 기술 및 스마트자동차 등과 함께 우리의 삶과 산업 구조를 근본적으로 변화시키고 있다. 이러한 혁명적 변화는 단지 기술적인 측면에서만 발생하는 것이 아니라, 경제적, 사회적, 문화적 차원에서도 깊은 영향을 미치고 있으며, 그 중심에는 바로 반도체와 센서 기술이 자리잡고 있다.

반도체는 현대 정보화 사회의 기반을 이루는 핵심 기술로, 스마트폰, 컴퓨터, 자동차, 의료기기 및 우주항공 등 인간이 사용하는 모든 전자기기의 중심에 존재하며, 특히 최근 반도체 센서는 그 역할이 더욱 중요해졌다. IoT와 AI의 발전으로 다양한 장치들이 연결되고, 방대한 데이터를 실시간으로 처리해야 하는 환경에서 반도체 센서는 핵심적인 역할을 하고 있다. 이러한 센서들은 일상생활, 환경, 건강 및 각종 산업 등 여러 분야에서 중요한 데이터를 수집하고, 이를 기반으로 자동화와 최적화를 가능하게 한다. 하지만 오늘날 반도체 기술의 발전은 단순히 기술적 혁신에 그치지 않고, 국제적인 경쟁과 전략적 중요성을 동반하고 있고, '반도체 전쟁'이라 불리는 현재의 상황은 단순한 시장 경쟁을 넘어, 국가 간의 경제적 패권을 가르는 중요한 요소로 떠오르고 있다. 주요 국가들은 자국의 기술적 우위를 확보하기 위해 반도체 산업에 막대한 투자를 하고 있으며, 이는 국가 간의 정치적, 경제적 및 산업적 갈등을 촉발하는 주요 원인 중 하나가 되었다. 이러한 상황에서 반도체 센서는 단순한 기술 제품을 넘어 국가의 전략적 자산으로 자리매김하고 있다.

이 교재는 반도체 센서 기술의 기초부터 응용 분야까지 폭넓은 내용을 다루고자 한다. 교재의 앞장에서는 반도체 센서의 기본적인 원리, 구조와 기술을 설명하고, 이어서 세 번째 장부터는 압력 센서, 광센서, 온도센서, 자기센서, 음향센서, 화학센서 및 바이오센서 등의 다양한 반도체 센서를

를 소개하며, 각 센서가 어떤 원리로 작동하는지, 얼마나 다양한 센서가 있으며, 실제 산업에서 어떻게 활용되는지에 대해 소개할 것이다. 마지막으로 집적센서와 스마트센서에 대한 내용을 다루며, 반도체 센서가 집적화되면서 각 응용 분야에서 적용되고 이를 통해 새로운 기술적 전망에 대해서도 살펴본다.

반도체 센서는 다양한 환경적 요인에 민감하게 반응하는 특성을 가지고 있기 때문에, 각종 센서의 특성과 한계를 정확히 이해하는 것이 중요하다. 또한, 최신 기술 동향에 맞춰 이러한 센서들이 어떻게 진화하고 있는지에 대한 이해는 미래 기술 발전을 대비하는 데 필수적인 요소이다. 각 장에서는 이론과 실용적인 내용을 함께 설명하여, 학문적 깊이뿐만 아니라 실제적인 활용 능력도 배양할 수 있도록 구성되었다. 이 교재가 학생들뿐만 아니라 산업 현장에서 실무를 담당하는 기술자들에게도 유익한 참고자료가 되기를 바란다. 또한, 반도체 센서의 중요성과 그 발전 가능성에 대한 통찰을 제공하며, 센서 기술을 기반으로 한 새로운 혁신이 이루어질 수 있는 토대를 마련하는 데 기여할 수 있기를 기대한다.

본 교재를 접하는 독자나 전문가들에게 반도체 센서의 기본적인 개념을 전달하고자 시작한 교재의 집필이지만, 탈고하면서 많은 부분이 미비하다고 생각되며, 조금이나마 도움이 되었으면 하는 마음이다. 교재가 출판되기까지 그 동안 많은 도움을 아끼지 않은 내하출판사의 모홍숙 사장님과 처음부터 마지막까지 한결같은 마음으로 편집을 도와준 박은성 님께 감사드린다.

진재산 너머

펼쳐진 눈꽃을 바라보며

저자

CONTENTS

CHAPTER 03 압력센서

CHAPTER 04 광센서

CONTENTS

CHAPTER 07 음향센서

CHAPTER 08 화학센서

CONTENTS

APPENDIX 부 록

CHAPTER

반도체 센서의 기초

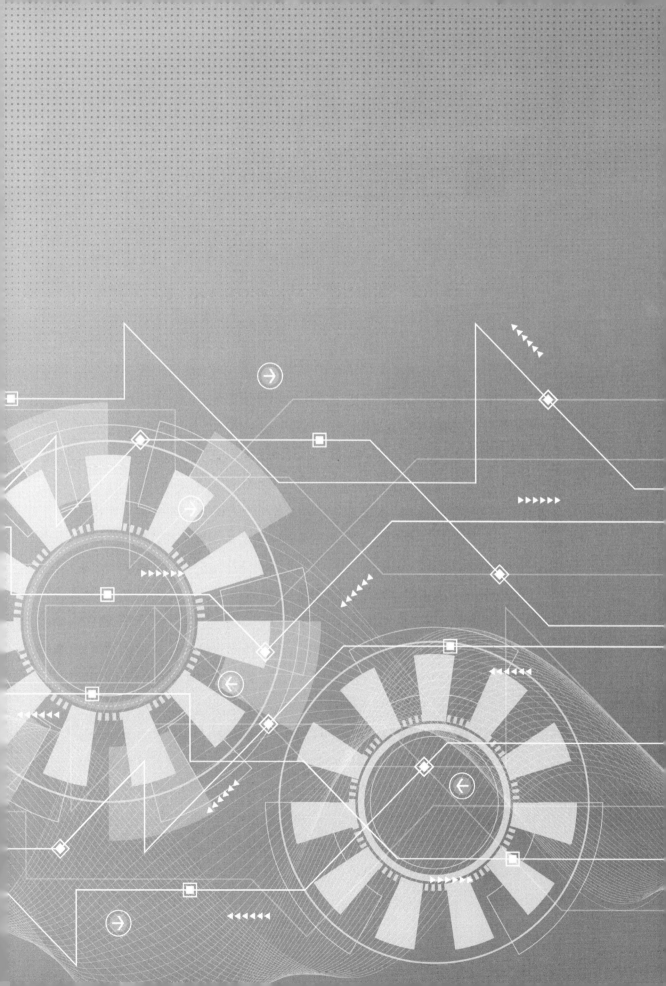

1-1 반도체 센서 개요

"센서"라는 용어는 원래 "지각하다(to perceive)"라는 의미의 라틴어 "sentire"에서 파생되었다. 따라서 센서는 인간의 감각과 어떤 연관성을 가지고 있다는 의미이기도 하다. 즉, 우리 인간의 감각으로 직접 인식할 수 없는 물리적 혹은 화학적 신호에 대한 정보를 제공할 수 있다. "센서"의 사전적 정의는 물리적(혹은 화학적) 자극(예: 열, 빛, 소리, 압력, 자기 혹은 특정한 동작 등)에 반응하여 입력 신호를 감지하고, 이에 적절한 출력 신호로 변환시키는 소자이다. 센서의 궁극적인 목적은 인간의 감각기능을 제어 가능한 다른 신호로 대체하고, 인간의 오감을 인위적으로 실현하여 신뢰할 만한 양질의 정보를 인간에게 제공하기 위한 것이다.

반도체 센서는 반도체 재료가 주로 센서 동작을 담당하는 반도체 소자를 의미한다. 그러나 반도체 소재가 센서 동작에 최적의 재료가 아니라면, 반도체 기판 위에 대체하는 특정한 소재를 증착하여 센서를 제작할 수도 있다. 예로서, 표면 탄성파 센서를 만들기 위해 실리콘 기판 위에 ZnO를 증착하여 센서를 구성하는 방식이다. 즉, 반도체 센서는 두 가지 형태가 있는데, 하나는 반도체 내에 센서를 만들거나 아니면 반도체 위에 센서를 제작하는 방식이다. 이러한 두 가지 센서 모두 반도체 센서를 의미하며, 중요한 것을 실리콘 반도체를 이용하였다는 것이다.

반도체 센서는 크기를 작게 제작하거나 제조하는 기술이 다른 고체물질의 센서와 차별화된다. 대부분의 반도체 센서는 반도체 공정기술인 집적회로(integrated circuits) 방식을 이용하여 제조된다. 그림 1-1과 같이 반도체 공정으로 제작된 반도체 센서는 마이크로 규모로 매우 작게 만들 수 있는데, 이는 비용을 낮추고 대량생산이 가능하며, 소위 집적화 센서(integrated sensors)를 제작할 수 있다는 장점이 있다.

센서와 밀접하게 관련되는 또 다른 용어는 "트랜스듀서(transducer)"이며, 이는 "앞으로 인도하다(to lead across)"라는 의미의 라틴어 "transducere"에서 유래하였다. 트랜스듀서는 한 시스템에서 동일하거나 다른 형태의 시스템으로 에너지를 변환하는 소자이기 때문에 신호나 에너지는 변환기를 가로질러 전달될 수 있다. 센서와 트랜스듀서는 때때로 동의어로 사용되기도 하는데, 센서와 트랜스듀서의 차이는 아주 미미하다. 센서는 변환 동작을 수행하지만, 트랜스듀서는 반드시 물리적 혹은 화학적 신호를 감지하여야 한다. 즉, 센서라는 용어는 입력 신호를 감지하거나 측정하는 소자이며, 트랜스듀서라는 용어는 측정이나 제어 시스템에서 연속적인 변환 동작을 수행하는 소자이다.

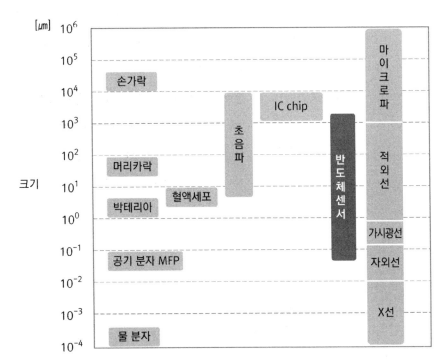

그림 1-1 ┃ 반도체 센서의 크기 비교

1-2 센서의 정의

일반적으로 센서를 정의하면, 측정 대상물로부터 물리량을 검출하고 검출된 물리량을 전기적인 신호로 변환시켜 주는 소자를 의미한다. 센서기술의 궁극적인 목적은 인간의 감각기능을 제어 가능한 다른 신호로 대체하고, 인간의 오감을 인위적으로 실현하여 신뢰할 만한 양질의 정보를 인간에게 제공하기 위한 것이다. 센서기술은 첨단산업의 현장에서 자동화 시스템을 비롯하여 자동차와 스마트폰에 장착되는 센서의 수가 날로 증가하고 있으며, 다양한 분야와 일상생활에 이르기까지 폭넓게 사용하고 있다. 최근 IoT와 인공지능(AI; artificial intelligence)이 본격화되면서 센서의 시대가 도래하였다고 말하기도 한다. 따라서 센서기술은 다방면의 산업분야에서 핵심요소 기술이기 때문에 선진 국가들의 기술경쟁력을 선점하기 위한 초석이라 할 수 있다. 향후 센서는 반도체의 집적화기술과 MEMS(micro electro-mechanical system)의 소형화기술과 결합하여 성능적인 측면에서 지능화 및 고성능화하는 추세이며, 또한 대량생산에 의해 단가가 낮아지고 있고, 컴퓨터를 기반으로 한 정보통신분야와 연계하여 센서는 정보화시대를 선도하게 될 것이다.

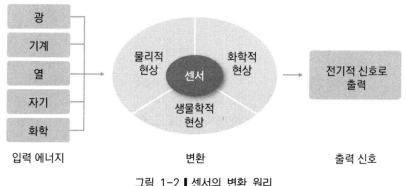

그림 1-2 ▌센서의 변환 원리

인간은 다섯 가지의 감각인 오감(five senses)을 통해 외부의 상태나 변화를 인지한다. 즉, 눈을 이용하여 대상을 볼 수 있는 시각, 귀에 의해 음을 듣는 청각, 손으로 만져서 느끼는 촉각, 코에 의해 냄새를 맡는 후각, 그리고 혀를 이용하여 맛을 느끼는 미각이 바로 오감이다. 여기서, 오감을 담당하는 기관을 오관(five organs)이라 하는데, 눈, 귀, 피부, 코, 혀를 나타낸다. 따라서 인간은 태어나 생활하면서 외부로부터의 정보를 수집하게 되는데, 이는 감각기관이 외부 자극의 에너지를 감지하여 신경계통으로 변환하는 수용체의 역할을 하게 된다. 이러한 신경계통은 감지한 신호를 대뇌로 전달하게 되며, 이에 대응하여 반응할 수 있도록 신체에 지시하게 된다.

그림 1-3은 인간의 오감과 유사하게 동작하는 센서의 계통도를 나타내고 있다. 인간의 생체계는 오관을 통하여 감지하는 외부 자극에 의한 입력 신호를 뇌에 전달하고, 이를 판단하여 신경계통을 반응하도록 지시하게 된다. 한편, 이와 유사하게 센서의 인공계도 입력 정보를 감지하여 전기신호의 형태로 지능화 시스템에서 처리하여 액추에이터를 통하여 반응하도록 전송하게 된다.

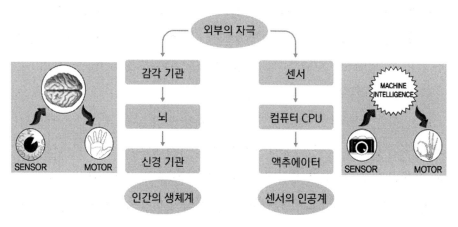

그림 1-3 ▌ 인간의 생체계와 센서의 인공계 비교

1-3 센서 시스템의 동작

그림 1-4는 센서 시스템의 동작 흐름도를 나타내고 있는데, 센서의 입력 신호는 빛, 열, 기계, 자기 및 화학 등과 같은 에너지의 형태로 들어오게 되며, 필요한 정보는 모두 시스템의 흐름에서 전기신호로 전송하게 된다. 이는 컴퓨터나 마이크로프로세서 등과 같은 지능화된 중앙신호 처리기가 동작하기 위해서는 전기신호 형태를 갖추어야 하기 때문이다. 그림에서 나타나듯이, 센서는 오감을 일으키는 기관인 눈, 귀, 피부, 코, 및 혀에 해당하는 기계화된 장치라고 말할 수 있다.

센서가 정확히 언제부터 사용되기 시작하였는지는 알려진 바가 없지만, 센서라는 용어가 처음 사용된 것은 약 60년 전부터이다. 1960년대 말까지는 센서의 개척기로서 여러 가지 물리현상을 전기적인 신호로 변환하려는 시도가 이루어져 왔으며, 다양한 센서재료에 대한 연구도 계속 이어져 왔다. 실제 생활에서 센서가 응용된 것은 매우 오래전부터이며, 예로서 기원전부터 사용한 것으로 알려진 나침반은 일종의 센서라고 할 수 있고, 또한 은수저를 이용하여 음식에서 독성을 검출한 사실도 바로 센서를 적용하는 것이다. 이와 같이 센서는 문명의 발전과 더불어 인간의 오감을 넘어 유용한 정보를 알아낼 수 있는 수단으로 활용되었다는 것을 알 수 있다.

이때까지 우리 인간의 눈으로 보고, 귀로 듣고 피부로 느끼는 현상을 센서라고 하는 전자부품으로 계측하기 위해 많은 연구가 행해진 시대였다. 빛, 온도, 압력 등과 같은 물리량을 위한 센서는 비교적 빠른 시기에 개발이 진행되었다. 또 자기 센서와 같이 실용화 연구가 늦었는데도 불구하고 이미 본격적인 실용기를 맞이하고 있는 것도 있었으며, 반대로 습도나 가스와 같이 오랜 기간을 연구하여 실용화된 센서도 있었다. 이러한 센서는 인간의 오감에 대응하는 것으로 오감과 유사한 것을 전기신호로 대신한다는 것이 하나의 흐름이었다. 1960년대 후반에 들어와서 센서에서 추출한 신호를 연산처리하거나 다량의 센서를 설치하여 물리량의 공간분포를 계측하기도 하였고, 또한 여러 종류의 물리량을 동시에 측정하는 센서가 출현하기 시작하여 한층 더 개발에 박차가 가해졌다. 이는 동시기에 반도체 집적회로 기술의 발전과 깊은 관계가 있으며, 집적기술의 발전에 따라 센서의 성능, 신뢰성, 경제성이 향상되었다. 앞으로의 센서개발 방향은 검출한계의 도전, 집적화, 다기능화, 미개발분야의 도전, 지능센서의 개발 등을 그 지향목표로 하게 될 것이다. 최근에는 정보를 신속하게 처리하고 수행하는 컴퓨터에도 응용되는 센서가 있으며, 이를 센서 시스템이라는 부른다. 이러한 분야에서 센서는 외부의 정보를 감지할 뿐만 아니라, 인식하는 기계를 의미하게 된다. 이는 센서의 지능화로서의 한 방향이라 할 수 있고, 특히 최근에 반도체 집적기술의 급속한 진보로 인하여 연산기능까지 일체화하는 센서가 증가하는 추세이다.

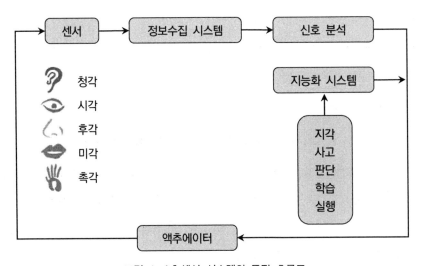

그림 1-4 ▎ 센서 시스템의 동작 흐름도

1-4 반도체 센서의 신호

센서의 주요 특징 중의 하나는 한 형태에서 다른 형태의 에너지로 변환하는 것이다. 그러므로 다양한 형태의 에너지를 고려하는 것이 유용하며, 물리적인 관점에서 다음과 같은 10가지 형태의 에너지로 구분한다.

- **원자 에너지**: 핵과 원자 사이의 힘이 관련
- **전기 에너지**: 전계, 전류 및 전압이 관련
- **중력 에너지**: 질량과 지구 사이의 중력이 관련
- **자기 에너지**: 자기장이 관련
- **질량 에너지**: 아인슈타인에 의한 상대성 이론($E = mc^2$)의 일부
- **기계 에너지**: 운동, 변위 및 힘 등과 관련
- **분자 에너지**: 분자의 결합 에너지와 관련
- **핵 에너지**: 핵들 사이의 결합 에너지 관련
- **복사 에너지**: 전자기파, 마이크로파, 적외선, 가시광선, 자외선, X선 및 감마선과 관련
- **열 에너지**: 원자와 분자의 운동 에너지 관련

이상과 같은 각 에너지의 형태에는 그에 상응하는 신호를 가지며, 측정 시스템에서 실제 센서의 경우, 핵 에너지와 질량 에너지는 고려하지 않는다. 그리고 원자 에너지와 분자 에너지는 화학적인 신호로 고려하며, 중력 에너지와 기계 에너지는 기계적인 신호와 관련된다. 따라서 신호 형태는 측정을 목적으로 다음 6가지로 분류한다.

- 화학적 신호(chemical signal)
- 전기적 신호(electrical signal)
- 자기적 신호(magnetic signal)

- 기계적 신호(mechanical signal)
- 복사적 신호(radiant signal)
- 열적 신호(thermal signal)

일반적인 형태의 측정 시스템은 그림 1-5에서 나타난다. 센서로 공급되는 신호는 대체로 전기적인 형태의 에너지로 변환된다. 변환기에서 신호는 처리되거나 변환되지만, 신호의 형태는 바뀌지 않는다. 예를 들면, 전기 에너지를 사용하는 경우, 변환기의 입력에 아날로그 신호는 출력에서 디지털 신호로 변환된다. 변환기는 입력 전기 신호를 증폭하거나 변조할 수 있으며, 출력 변환기는 에너지를 표시, 기록 혹은 동작하도록 적절한 형태로 변환한다.

센서의 출력 신호는 다양한 형태일 것이지만, 가장 선호하는 형태는 전기 신호이며, 이는 대부분의 측정 시스템에서 전기 신호를 이용하기 때문이다. 전기 측정 시스템의 장점은 다음과 같다.

- 적절한 재료를 선택하여 비전기적 신호를 설계할 수 있고,
- 전기 신호의 조정이나 변환으로 마이크로 전자회로를 사용하며,
- 전자 방식으로 정보 표시나 기록을 처리할 수 있고,
- 전기 신호는 신호 전송에 더욱 적합하다.

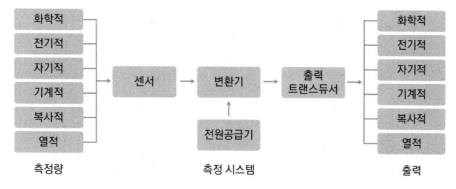

그림 1-5 ▌반도체 센서의 일반적인 측정 시스템

1-5 센서 대상의 측정

표 1-1은 인간의 오감과 유사하게 적용할 수 있는 각종 센서를 각각 비교하고 있다. 센서는 인간의 역할을 대신하거나 혹은 인간의 능력을 초월하여 감지의 정도를 정량적으로 측정하는 것이 가능해졌다. 센서의 발전역사를 간단히 알아보면 시각, 청각, 촉각에 해당하는 센서는 비교적 오래 전부터 개발되어 왔으며, 반면에 후각과 미각에 대한 센서는 최근부터 개발되고 있다. 앞의 세 가지 감각은 여러 종류의 광, 음파, 압력 및 온도 등의 단일 물리량을 이용하여 전기량으로 변환하지만, 후각과 미각은 상당히 다양한 종류의 화학물질을 이용하여 정보를 교환하도록 하는 것이다. 표 1-2는 센서가 대상으로 하는 여러 분류에 대한 정보량을 상세히 나타내고 있다. 시각, 청각, 촉각은 수용부에 사용되는 센서로서 보통 반도체 혹은 세라믹 재료로 만들어진 광센서나 압력센서를 널리 이용하고 있다.

표 1-1 ▌ 오감과 센서

오감	오관	대상	센서	원리
시각	눈	광	광센서 시각센서	광기전력효과(광 → 전기) 센서의 지능화
청각	귀	음파	압력센서 청각센서	압전효과(음파 → 전기) 센서의 지능화
촉각	손	압력 온도	압력센서 온도센서	압전효과(압력 → 전기) Seebeck효과(온도 → 전기)
후각	코	향내 감지물질	가스센서 후각센서	흡착효과(가스 → 전기)
미각	혀	맛 감지물질	이온센서 미각센서	이온투과현상(이온 → 전기) 전기화학적효과

표 1-2 ▌ 센서 대상물의 측정 정보

분류	대상물의 측정 정보
기계	길이, 두께, 변위, 속도, 가속도, 풍속, 회전각, 회전수, 회전력, 질량, 중량, 힘, 압력, 진동, 진공도, 모멘트, 유속, 유량
전기	전압, 전류, 전위, 전력, 전하, 저항, 임피던스, 커패시턴스, 인덕턴스
온도	온도, 열속, 비열
광	조도, 광도, 색, 자외선, 적외선, 광변위
음향	음압, 소음
자기	자계세기, 자속밀도, 모멘트, 투자율
복사	복사 강도, 에너지, 파장, 진폭, 위상, 편광
화학	농도, 성분, pH, 점도, 입도, 밀도, 비중, 기체·액체·고체 분석
생체	심음, 혈압, 혈액, 맥박, 혈액 산소 포화도, 기류량 속도, 체온, 심전도, 뇌파, 근전도, 심자도

　이들 센서의 출력을 처리하기 위하여 컴퓨터를 연결하거나 LSI 회로를 부착하게 되며, 이것이 바로 센서의 지능화 혹은 스마트 센서(smart sensor)라 한다. 이는 인간의 시각이 눈의 망막을 통해 사물을 감지하고 세밀하게 식별하며 인지하는 것을 뇌에서 하는 역할과 매우 유사하다.

　센서와 자주 혼용되어 사용하는 용어가 바로 트랜스듀서(transducer; 변환기)이다. 엄밀히 말하자면, 트랜스듀서는 입력신호와 출력신호의 에너지 형태가 다른 모든 소자를 의미하며, 즉 외부의 신호를 수용하여 전기량으로 변환하는 기계적인 의미로 사용하는 것이 일반적이다. 액추에이터(actuator; 작동기)는 전기 에너지로 주어지는 입력신호를 다른 물리적인 에너지 형태로 변환하여 출력하는 소자로서 센서와는 반대의 기능을 수행하는 소자이다. 다시 말하자면, 액추에이터는 센서의 출력을 회전시키거나 위치변화 등으로 변환하게끔 물체를 이동시키는 기계적인 소자를 의미한다.

1-6 센서의 선정 요건

사실 모든 환경에 적용하거나 성능 조건을 만족할 수 있는 이상적인 센서는 없으며, 요구하는 응용 분야에서 적용하려는 센서를 선정하기 위해서는 많은 요소를 고려하여야 한다. 이와 같이 센서를 결정하는 요소는 크게 3가지 범주로 나눌 수 있는데, 이것이 바로 환경적인 요소, 경제적인 요소 및 센서의 특성이다.

표 1-3은 가장 흔히 센서를 접하면서 고려할 수 있는 요소들을 분류하여 나타내고 있지만, 이와 같은 요소들이 특정한 분야에 절대적이라고는 할 수 없다. 대부분의 환경적인 요소는 센서의 입·출력 전극이나 접촉 등을 보호하거나 격리하기 위한 포장을 결정하는 부분일 것이다. 경제적 요소는 센서의 소재와 부품을 선정하거나 제작하는 방법을 결정하기 위한 것이며, 특히 수명과 관련해서는 센서 재료의 양질을 선정하는 기준이 될 것이다.

표 1-3 ▌ 센서 선정 요소

환경적 요소	경제적 요소	센서 특성
온도범위	단가	감도
습도효과	적합성	동작범위
부식	수명	안정도
크기		반복도
과대 적용범위		선택도
전자기(EM) 감수율		직선도
거칠기		오차
전력 소비		응답시간
자체검사능력		주파수 응답

예로서, 매우 장시간을 주기로 반복적으로 사용하는 분야에서는 매우 고가의 센서더라도 효율적일 것이지만, 반면에 의료분야 등에서 사용하는 일회용 센서는 매우 고가일 필요가 없다. 그리고 센서의 적용에 있어서 센서의 특성은 설명서와 같은 기본적인 사항일 것이다. 아마도 센서를 선정하는 요소 중에서 가장 필요한 변수는 감도(sensitivity), 선택도(selectivity), 안정도(stability) 및 반복도(repeatability) 이며, 일반적으로 이러한 변수가 측정 범위나 동작시간에 대해 명확한 조건이 부여된다면 센서를 선정하기 쉬워질 것이다. 예를 들면, 측정시간 동안에 출력신호가 빈번하게 변하는 아주 예민한 센서는 이용하기 어려울 것이고, 측정량이 재현성이 없거나 반복적이지 못하다면 측정된 데이터는 믿을 수 없을 것이다. 선택도나 직선도와 같은 또 다른 출력 특성은 부가되거나 독립적인 센서 입력을 이용하든지 혹은 신호 조건 회로를 통하여 보상될 수도 있을 것이다. 사실 대부분의 센서는 변환작용이 온도에 의존하기 때문에 온도에 대한 응답성을 가진다.

센서는 측정하는 대상과 목적에 따라 재료를 선택하지만, 재료의 효과나 반응을 이용함으로써 매우 많은 종류가 있을 것이고, 개별적으로 천차만별이라 할 수 있다. 센서는 외부로부터의 자극인 신호를 감지하는 본질적인 기능과 이를 유용하게 적용할 수 있도록 전기적인 신호로 변환하는 기능을 갖추어야 한다. 즉, 기본적인 요건으로 감도, 선택도, 안정도 및 복귀도 등을 갖추는 것이다. 이러한 요건 중에서 가장 중요한 것은 역시 감도이다. 센서의 감도는 측정치의 정밀도 혹은 정확도에 기초가 된다. 이외에 신뢰성, 기능성, 적응도, 규격성, 생산성 및 보존성 등의 요건을 갖추어야 한다.

1-7 센서의 특성

<표 1-3>에서 나열한 센서의 특성에 대해 살펴보면 다음과 같다.

○ 감도

일반적으로 감도는 입력변화량에 따른 출력변화량의 비율을 나타내며, 식으로 나타내면 (1-1)과 같다. 여기서 S는 감도계수로 센서의 감도라는 의미로 사용한다. 식으로부터 감도는 입력에 대한 출력으로 직선성을 나타내며, 즉 기울기를 의미한다.

$$S = \frac{\text{출력신호의 변화율}}{\text{입력신호의 변화율}} \tag{1-1}$$

출력이 입력량에 대해 고정되어 있다면, 감도는 차원을 갖지 않기 때문에 일반성을 나타내지만, 센서는 차원을 가짐으로 변환계수 혹은 변환율이라는 말이 더 적합하다. 이외 또 다른 의미로는 감도한계를 나타내기도 하며, 미세한 입력의 변화에 대해 반응하는 척도를 의미하고, 달리 검출한 계 혹은 분해능이라 부르기도 한다.

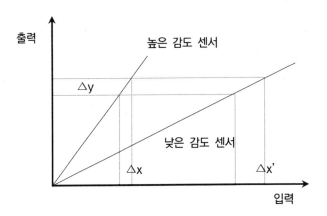

그림 1-5 ▌ 출력 특성 곡선의 기울기(△y/△x)

센서는 직선적인 변환특성을 가지는 것이 가장 바람직하며, 만일 입력이 허용범위를 벗어나 초과하게 되면 출력은 직선 영역을 넘어 포화값에 도달하기 때문에 측정한계를 벗어난다. 따라서 센서에서의 출력은 잡음으로 오차를 나타내며, 직선적인 영역에서만 측정이 유용하다. 센서에서의 출력신호는 부하에 직접 전달되거나 귀환하여 증폭기에 입력된다. 센서에서 전달되는 전력을 최대로 유지하기 위해서는 센서의 출력 임피던스를 부하 임피던스나 혹은 증폭기의 입력 임피던스와 정합시켜야 한다.

○ 오차

일반적으로 오차는 센서의 입출력 특성에서 이상적인 직선의 기울기에서 벗어난다는 의미이다. 주로 온도 변화가 원인이며, 입출력 곡선의 기울기가 증가하면 감도도 증가하게 되어 오차가 발생한다. 이와 같은 현상을 감도 오차(sensitivity error) 혹은 감도 변동(sensitivity drift)이라고 한다. 센서의 입력이 0일 때, 출력이 0이 되지 않는 것을 오프셋(offset) 혹은 영점 변동(zero drift)라고 부른다. 만일, 감도 오차와 영점 변동이 동시에 발생하면 센서의 출력 특성은 더욱 큰 오차로 나타나게 된다. 이와 같이 시간, 온도 및 이외의 요인에 의한 감도의 변화를 센서 특성의 불안정성이나 변동을 일으킨다.

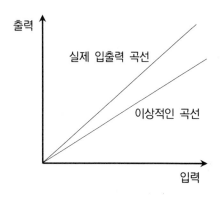

그림 1-6 ▎감도 오차

◎ 응답특성

센서에 들어오는 입력신호가 시간에 따라 변하게 되면 일반적으로 입력과 출력신호 사이에 시간지연이 발생하게 된다. 즉, 센서의 입력과 출력 사이에 관계를 방해하는 가장 큰 요인이 응답속도의 유한성이다. 이러한 요소로는 과도 응답이나 주파수 응답이 포함되며, RC 시정수에 의한 시간지연도 있다.

대부분의 센서는 측정량이 항상 일정하고 변하지 않는 크기의 응답이 요구되기 때문에 직류에 대한 감도를 가져야 하며, 센서는 저역 필터 특성을 가져야 한다. 센서의 응용분야에 따라 시정수가 결정되며, 일반적인 전자제품이나 계측기는 고속응답을 필요로 하지 않지만, 반도체나 통신 분야에서는 고주파의 광대역 특성을 요구하기도 한다.

◎ 직선성

이미 기술한 바와 같이 센서의 출력특성은 직선으로 나타나는 것이 가장 이상적일 것이다. 즉, 센서의 입출력 사이에 관계는 비례적이어야 한다. 그러나 실제 대부분의 센서는 출력에서의 이상적인 직선 영역이 넓지 않으며, 이러한 직선성이 폭넓게 성립하지 않는다. 그렇다고 센서의 모든 요소가 반드시 직선성을 유지하여야 한다는 의미는 아니다. 어떤 센서에서 입력과 출력 사이의 관계가 임의의 함수로 나타내더라도 이러한 요소에 대한 다른 출력 요소가 역함수에 비례하면 전체적으로 직선성을 갖게 된다. 예로서, 서미스터의 온도-저항 특성은 지수함수적으로 나타나는데, 출력을 RC 충·방전 회로에 연결하면 직선적으로 나타난다.

◎ 이력곡선

센서의 입출력 특성을 측정할 경우에 입력신호를 증가시켜가면서 출력을 측정하여 포화된 후에 다시 반대로 입력신호를 감소시키면서 출력을 측정할 때에 동일한 입력값에 대한 출력값이 동일하지 않는 현상을 이력곡선(히스테리시스; hysteresis)이라고 한다. 이러한 이력곡선은 센서에서 사용하는 소재가 갖는 물리적인 성질에 따라 나타나며, 이는 일종의 기억 효과(memory effect)라고 부른다. 이와 같은 이력곡선은 탄성체, 강자성체나 강유전체와 같은 재료를 이용한 센서에서 주로 많이 나타난다.

◎ 선택도

이상적인 센서는 측정하려는 물리량에 대해서만 검출하고 다른 요소에는 반응하지 않는 것이 바람직하다. 즉, 압력센서는 단지 압력의 변화에 대해서 반응하여야 하지만, 실제로는 온도나 습도 등의 요소에 영향을 받아 출력이 변하기 때문에 센서를 설계하는 차원에서 고려하거나 추가적인 보상 회로를 통하여 보상함으로써 센서의 선택성을 개선하기도 한다. 일반적으로 물리현상에 의한 센서가 선택도가 좋으며, 습도, 가스 및 이온 등과 같은 화학현상에 의한 센서는 비교적 선택도가 나쁜 편이다.

◎ 잡음

잡음(noise)은 센서의 출력에서 나타나는 원하지 않는 불규칙적인 신호를 의미하며, 센서 소자나 변환 회로 등으로부터 불규칙하게 나타나게 된다. 특히, 센서는 감도가 우수할수록 미세한 입력신호까지 감지할 수 있다. 하지만 입력에 대한 잡음이 증가하면 감도가 높다고 하더라도 미소한 입력신호도 감지하기 어려워 측정의 하한치도 커진다. 센서 출력에서 잡음에 대한 신호의 비율을 신호대 잡음비(signal to noise ratio; S/N ratio)라고 하며, 이러한 비율은 당연히 클수록 신호의 품질이 우수하며, 더욱 선명한 영상을 얻을 수 있다.

$$S/N = \frac{출력신호}{잡음\,입력신호} \tag{1-2}$$

1-8 센서의 분류

센서는 기본적으로 측정대상의 물리량 또는 화학량을 전기신호로 변환하는 기능을 가지고 있다. 이러한 변환기능은 사용되는 재료의 고유한 성질이나 물리적, 화학적 및 생물적 현상을 이용하는 소자에 의하여 결정된다. 일반적으로 센서의 분류방법은 변환원리, 제조소재, 기능방식, 구성방법, 측정대상, 검출방법, 메카니즘, 에너지 공급방식, 출력방식 등으로 나누어진다. 표 1-4에서 보여주듯이 센서의 변환기능에 응용되는 현상은 물리현상, 화학현상, 생물현상으로 크게 분류할 수 있으며, 이들 중에 물리현상에 속하는 변환기능이 가장 많이 활용되고 있다. 일반적으로 시각, 청각, 촉각을 대신하는 센서는 주로 물리량을 수용하는 것으로 물리센서라고 칭하고, 후각과 미각을 대행하는 센서를 화학센서라고 칭한다.

표 1-4 ▌ 변환 원리에 따른 센서의 분류

현상	변환	효과
물리 현상	광전변환 열전변환 압전변환 자전변환 열탄성변환 열자기변환 광탄성변환	광전자방출효과, 광도전효과, 광기전력효과, 광초전효과, 광열전효과 Seebeck효과, Peltier효과, Thomson효과, 초전효과 압전효과, 압저항효과, 전류자기효과, 열자기효과 광전자기효과, Josephson효과
화학 현상	전기화학반응 산화환원반응 촉매반응	전위차법, 전류법, 정전용량법
생물 현상	효소반응 면역반응 미생물반응	효소막 항원막, 항체막 미생물막

센서의 분류 방식은 확실히 정립되어 있지 않은 실정이지만, 센서의 분류는 관점에 따라 다양하다. 가장 보편적인 분류 방식은 측정대상에 의한 분류법이며, 이는 광센서, 이미지센서, 적외선센서, 습도센서, 속도센서, 압력센서, 변위센서, 전자기센서, 음향센서, 온도센서, 및 화학센서 등으로 대별하여 분류할 수 있다. 이외에 센서의 변환 원리에 의해서 분류하면, 물리센서, 화학센서 및 생물센서로 나눌 수 있고, 센서의 재료에 의한 분류는 반도체센서, 금속센서, 세라믹센서, 고분자센서, 효소센서 및 미생물센서 등으로 구분할 수도 있다. 표 1-5에서는 센서를 기능에 의해 구분하여 센서를 분류하며, 표 1-6에서는 재료에 따른 센서의 분류를 나타낸다.

표 1-5 ▌기능에 따른 센서의 분류

분류	대표 센서
역학센서	근접센서, 회전각센서, 레벨센서, 가속도센서, 각속도센서, 전동센서, 하중센서, 압력센서, 유량센서 등
전자기센서	홀센서, 홀 IC, 자기저항센서 등
광센서	포토다이오드, 적외선센서, 자외선센서, 가시광센서, 인터럽터 등
온도센서	열전대, RTD, 서미스터, 반도체온도센서 등
화학센서	가스센서, 이온센서, 습도센서 등
미생물센서	효소센서, 바이오센서 등

표 1-6 ▌재료에 따른 센서의 분류

분류	대표 센서
금 속	RTD, 스트레인게이지, 로드셀, 열전대, 자계센서
반도체	홀센서, MR 반도체, 압력센서, 속도센서, 가속도센서, 광센서, CCD 등
세라믹	습도센서, 서미스터, 가스센서, 압전형센서, 산소센서
유전체	초전형센서, 온도센서
고분자	습도센서, 감압센서, 플라스틱 서미스터
복합재료	PZT 압전센서

1-9 센서 재료: 반도체

센서의 변천은 사실 제조 기술과 센서 소재의 개발 등으로 이루어졌다. 반도체는 도체와 부도체 사이에 전도율을 가진 재료로서 금지대폭이 0.1~3 eV에 있고, 반도체끼리 혹은 도체와의 접촉으로 인하여 정류작용을 하게 된다. 또한, 광전, 열전 및 자전 효과를 나타내는 우수한 재료이며, 이러한 특성을 이용하여 수많은 전자소자로 개발되어 응용되고 있다. 센서 재료로서 반도체의 장점은 응답속도가 빠르고, 경·박·단·소가 용이하며, 고감도 실현이 가능하고, 경제적이며, 집적화 및 지능화가 가능하다는 점이다. 표 1-7에서는 반도체 재료의 종류를 간결하게 나타내고 있다. 반도체는 하나의 원소로만 이루어진 원소 반도체, 여러 개의 원소로 구성된 화합물 반도체와 금속이나 탄소와 결합한 금속산화물 반도체 및 탄소화합물 반도체 등으로 구분된다.

주기율표 상에서 주로 4족에 속하는 원소로 최외각의 가전자 4개는 공유결합을 하여 다이아몬드 구조를 이루게 된다. 현재 원소 반도체는 지구상에 풍부하게 존재하는 Si이 가장 많이 이용되고 있고, 이외에 용도에 따라 여러 가지 원소 반도체가 사용되고 있다.

화합물 반도체는 보통 III-V족과 II-VI족의 두 원소들이 서로 결합한 2종 화합물 반도체가 있고, 세 원소로 구성된 3종 화합물 반도체가 있다. 이들 중에 III-V족의 원소로 구성된 GaAs와 InSb는 섬아연광(zincblende) 구조를 가지며, CdS, ZnO 등의 II-VI족의 원소로 결합된 화합물 반도체는 울쯔광(wurtzite)의 결정구조를 취한다. III-V족의 GaAs는 직접천이형 반도체이고 에너지갭이 큰 반도체로서 태양전지, 고주파용 FET, 레이저, 홀소자 등에 응용된다. InSb와 InAs는 에너지갭이 적고, 높은 이동도를 가지며 적외선 검출소자, 자기저항 소자, 홀 소자에 사용되고 있다. 그리고 II-VI

표 1-7 ▌반도체 재료의 종류

반도체		재료	응용
원소(element)		C, Ge, Si, Te	전자소자, 태양전지, 열전소자
화합물 (compound)	III-V족	InSb, GaAs, GaP, InP	태양전지, 고주파용 소자, 레이저, 적외선소자
	II-VI족	ZnS, CdS, CdTe, ZnSe	광전소자, 태양전지
금속 화합물 (metal compound)		ZnO, CdO, PbO, TiO_2 PbS, CdS, PbSe, CdSe	서미스터, 광전소자
탄소 화합물 (carbon compound)		SiC, B_4C	고속소자, 온도센서

족의 CdS와 CdSe는 가시광선 영역에서의 광전도 특성이 우수하기 때문에 광도전 소자로 응용되고, CdTe는 태양전지 재료로 많이 사용되고 있다.

금속 산화물인 NiO, CoO, FeO, Cu_2O 등은 공기 중에서 열처리하면 도전성이 증가하고, ZnO, CdO, TiO_2 등은 환원성 분위기에서 열처리하면 역시 도전성이 증가하고, 내열성과 내식성이 우수하다. 이와 같은 금속 산화물과 소량의 첨가물을 혼합하여 소결한 것이 서미스터의 재료로 많이 이용된다.

C는 IV족에 속하는 원소이고, 특히 다이아몬드는 절연체에 분류될 정도로 에너지갭(5.5 eV)가 높지만, 간접천이형 반도체로서 고속 소자와 각종 내열성 소자로의 제조가 가능하다. 또한 SiC는 내열성 소자로 주목받고 있다. 생물, 항체 등을 이용하여 측정 대상이 되는 특수 효소, 당, 항생물질, 단백 호르몬 등을 검출한다. 그리고 효소의 분자식별 반응에 의해 특정물질의 증감을 전기적인 신호로 변환하거나 생물 기능성막으로 열변화를 전기신호로, 빛의 발광량을 전기 신호로 변환하는데 이를 바이오센서에 응용하고 있다.

1-10 센서 응용

21세기의 산업화와 정보화시대에서 센서의 역할과 활용은 매우 중요하며, 일상생활과 가정에서 사용하는 가전에 이용되면서 편리하고 윤택한 생활을 즐기고 있다. 특히, 전기, 전자 및 기계 산업분야뿐만 아니라 우주, 항공, 해양과 군사 등의 분야에 이르기까지 광범위하게 적용되고 있다. 최근 일반 승용차의 경우, 기계적으로 동작하던 기구요소들이 전자부품이나 센서를 많이 적용하고 있는데, 약 200여개의 센서를 사용하고 있으며, 자동차의 진자 제어시스템은 센서의 사용에 의한 고급화로 운전자의 만족도를 더욱 높이고 있다. 센서를 용도에 따라 분류해 보면, 가전제품, 산업자동화, 의료용 제어기기, 방재 보안기기, 자원 및 에너지 개발, 식품가공, 공해 방지, 정보화 기기 및 통신 분야 등으로 나눌 수 있다. 최근 IoT나 인공지능과 같이 인간과 기기 사이에 상호작용이 증가하면서 장비의 첨단화와 스마트화가 가속되는 가운데, MCU 내장, 나노기술 및 MEMS 기반의 제4세대 스마트 센서로 진화하고 있으며, 반도체 집적기술을 기반으로 센서의 소형화, 지능화 및 무선화가 가능해지고 있다.

각종 산업의 자동화 시스템에서 센서를 잘 응용하기 위해서는 동작하는 시스템에서 제어하고자 하는 위치를 적절하게 선정하여야 한다. 센서는 측정하려는 대상물의 존재 여부에 대한 정보를 제공하기 위한 일종의 부품이라 할 수 있다. 센서를 적합하게 사용하기 위해 센서들의 장점과 단점 등을 잘 이해하여야 하고, 각종 센서들의 동작원리를 이해하여야 하며, 센서들의 차이점과 유사성을 파악하여야 한다. 다양한 센서를 응용한 시스템은 주로 미지의 물리량, 화학량 및 생물량을 측정하기 위한 계측 시스템과 온도, 속도, 위치 및 변위 등을 제어하기 위한 제어 시스템으로 나눌 수 있다. 계측 시스템에서는 센서, 입력회로, 신호회로, 출력회로 및 표시

장치 등으로 구성하며, 제어 시스템은 액추에이터의 상태를 나타내는 신호와 제어 입력신호를 비교하여 오차 신호를 얻어 신호 처리하는 귀환회로를 추가한다.

센서를 이용한 자동화 기술은 매우 포괄적인 개념이며, 가정에서의 자동화를 비롯하여 사무자동화, 공장자동화, 각종 실험자동화 등으로 널리 사용되고 있다. 특히, 공장자동화는 생산자동화와 공정자동화로 나눌 수 있는데, 연속적인 화학공정을 다루는 공정자동화가 먼저 도입되었으며, 불연속적인 생산 공정에서의 생산자동화가 나중에 도입되었다. 이와 같은 공정자동화는 석유화학, 화공산업, 전력산업 및 제철산업에 이르기까지 적용되었다. 그리고 생산자동화는 여러 종류의 부품을 가공/조립하고 반송하는 시스템으로 전자산업, 자동차산업, 조선 및 항공산업 등에 적용된다. 최근에 반도체 및 니스플레이와 같은 첨단산업에서 센서의 활용과 자동화는 공정자동화와 생산자동화가 모두 응용되고 있다.

자동화 기술은 기계기술과 전자기술의 융합기술이라 할 수 있다. 기기 본체는 시스템의 본래 기능을 실행하는 기계적인 부분이고, 정보 처리부는 센서를 통해 얻은 정보를 이미 설정한 소프트웨어에 따라 전자적으로 처리되도록 수행하며, 이를 액추에이터를 이용하여 기계 본체에 전달함으로서 공정 작업의 효율을 개선하는 역할을 하게 된다. 이와 같이 자동화 기술에서 센서의 활용은 핵심요소라 할 수 있으며, 센서의 역할은 자동화 시스템에 전자기술을 첨가하여 기능을 발휘할 수 있도록 만들어준다. 그러므로 자동화 기술에 있어 센서가 갖추어야 할 조건으로는 내충격성, 내환경성, 내전압, 내약품성, 정확성 및 호환성 등을 가져야 한다.

CHAPTER

반도체 센서의 기술

2-1 반도체 센서 기술의 개요

간단히 반도체 센서는 기계적인 신호를 전기적인 신호로 변환하는 변환기이며, 이러한 장치는 물리적인 변수를 측정하거나 제어하기 위해 사용한다. 마이크는 오디오 시스템에서 사용하며, 압력센서는 유체, 공압 및 촉각감지 시스템에서 사용한다. 가속도계는 항해술(navigation)이나 에어백 전개를 위해 사용하며, 자기센서는 위치 제어를 위해 사용하고, 적외선 및 가시광선 센서는 카메라와 야간투시 시스템에서 사용한다. 그리고 온도 및 유량 센서는 에어컨이나 자동차 등에서 이용하며, 화학센서는 생물학적 진단 시스템에서 사용한다. 이와 같이 센서의 응용 분야는 다양하며, 향후 엄청나게 증가할 것이다. 현재는 산업이나 소비재 응용 분야에서 저비용에 정확성과 신뢰성을 가진 제품에 대한 수요가 매우 높은 편이다.

지난 30여 년 동안에 반도체 센서의 기계적인 장치를 제조하기 위해 마이크로전자 기술(microelectronic technology)을 적용하여 활성화되어 왔고, 이러한 미세가공 기술을 이용하여 미세 반도체 센서를 만들었다. 미세가공 기술(micromachining technology)은 반도체 기술의 장점을 이용하여 센서 산업에서 요구하는 성능에 적합한 장치를 제조하였다. 특히 반도체 재료의 다양성과 VLSI 패터닝 기술에 의한 최소화 및 최적화는 기존에 사용해왔던 센서와 비교하여 가격 대비 우수한 성능을 가진 새로운 센서를 양산하게 되었다.

그림 2-1은 전기와 기계 장치를 통합하여 에어백 전개에 활용되는 소자이며, MEMS(micro-electro-mechanical sensing system) 기술의 일례를 보여준다.

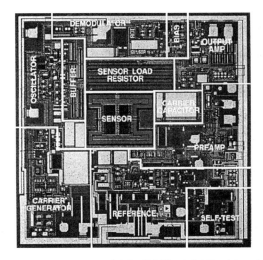

그림 2-1 ▌MEMS 기술을 활용한 미세가공 가속도계

제조된 제품의 원가를 결정짓는 주요 요인은 생산설비에 대한 간접비이다. 정밀 전자와 기계 장치와 같은 기술 기반의 제품에서 고가의 설비와 고도로 숙련된 인력이 필요하다. 이러한 비용은 생산된 제품의 수와는 무관하며, 생산량의 증가와 더불어 제품의 단위당 비용은 감소한다. 반도체 제조업체의 중요한 목표 중의 하나는 제품의 최고 품질을 유지하면서 처리량을 최대화하는 것이다. 이러한 관점에서 나타나는 사례가 마이크로 전자산업에서 일어나며, 집적회로 기술을 이용하면 단일처리 공정을 통해 수천 개의 전자회로를 동시에 일괄적으로 제조할 수 있다. 평면 기술의 발명으로 인하여 마이크로 전자회로의 일괄 제조가 가능해졌다. 평면제조 공정에서 적층의 재료들은 웨이퍼 기판 위에 3차원의 장치를 제조한다.

마이크로센서 기술에는 두 가지 부류가 있는데, 후막 미세가공(bulk micromachined) 센서는 비교적 두꺼운 기판에 정밀하게 제조되며, 표면 미세가공(surface micromachined) 센서는 적층 박막에 형성된다. 두 기술 모두 VLSI 기술을 이용한 재료와 공정을 사용하며, 센서의 기계적 구조를 제조하기 위해 반도체 증착, 포토 및 식각공정을 이용한다.

2-2 반도체 증착공정

박막은 반도체 마이크로센서에서 필수적인 기본 소재이며, 표면 미세가공 센서는 0.1~5 ㎛ 두께의 고체 박막에 증착과 패터닝과 같은 연속 공정으로 제조되는 반면에 두꺼운 후막 미세가공 센서는 패시베이션(보호막; passivation)과 유전체 기능을 위해 박막을 사용한다. 기본적으로 박막은 기판 위에 증착되며, 마이크로센서 기술에서 사용하는 증착공정에 대해 살펴본다.

○ 스핀코팅

일반적으로 스핀코팅(spin-coating)은 휘발성 액체 용매에 용해된 물질을 기판에 떨어트리면서 고속으로 회전시켜 원심력을 이용하여 도포액이 기판 표면 전체에 퍼져 얇은 막을 형성하는 방식이다. 그림 2-2는 스핀코팅에 의해 박막을 증착하는 공정을 나타내며, 주로 반도체 제조공정에서 감광성 레지스트(PR; photosensitive resists)나 폴리이미드(PI; polyimides)와 같은 유기물질을 기판에 증착하는 기술이다. 고체막의 두께는 용해도(solubility)와 회전속도에 의존하며, 일반적으로 0.1~50 ㎛ 정도의 범위로 형성한다.

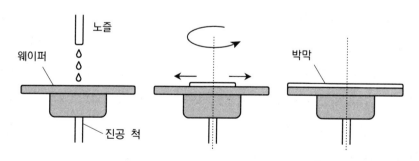

그림 2-2 ▎스핀코팅 공정

　스핀코팅 공정에 의해 형성된 유기물질의 막은 기존의 기판 표면 지형 (topography)을 평탄화하여 매끄러운 표면을 생성한다. 그러나 유기 용매가 베이크 과정에 휘발하면서 심한 수축을 겪게 되어 높은 응력을 받는다. 스핀코팅에 의해 형성된 막은 다른 증착법에 비해 밀도가 낮고 화학적으로 취약한 편이다.

◎ 증발법

　일반적으로 증발법은 뜨거운 소스로부터 증착물질을 기판으로 증발하는 방식이며, 그림 2-3에서 나타나듯이 3 종류의 증발법으로 분류한다. 열증발법은 가장 오래 전부터 사용해 온 증착법 중의 하나이며, 열증발법은 유리 혹은 플라스틱 기판에 금속 박막을 증착하는 방식이다. 진공 용기 (vacuum chamber)의 내부는 진공 펌프를 이용하여 10^{-7} torr 정도의 고진공 상태에서 증착한다. 열증발법은 장비의 구조가 단순하고, 공정 절차가 간단하다는 장점이 있다. 열증발법의 오염 가능성 때문에 개선된 제조법이 전자빔을 이용하거나 유도열에 의한 증발법이다. 전자빔은 텅스텐 필라멘트로 구성된 열음극(hot cathode)을 주로 이용하며, 유도열 증발법은 내화성 도가니 주변에 RF 코일을 이용하여 가열하는 방식이다.

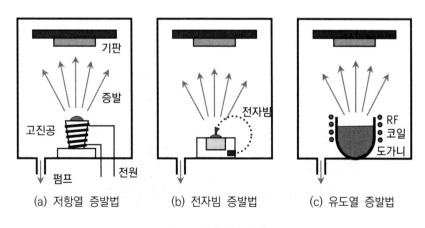

(a) 저항열 증발법　　(b) 전자빔 증발법　　(c) 유도열 증발법

그림 2-3 ▌증발법의 종류

○ 스퍼터법

스퍼터(sputter)라는 용어는 '부글부글 끓어오른다' 혹은 '요란한 소리를 내다'라는 의미이며, 기술적으로는 가속 입자와 고체의 상호작용에 의해 튀긴다는 뜻이다. 즉, 스퍼터링(sputtering)은 고속의 양이온이 고체 표면에 충돌하여 표면으로부터 원자가 방출하는 현상이다.

스퍼터링 현상은 영국의 그로브(G.R.Grove)가 1852년 논문에서 처음 발표하였다. 스퍼터링이란 높은 에너지를 갖은 입자들이 박막을 입히고자 하는 물질과 강하게 충돌하여 에너지를 전달해 줌으로써 원자들이 분리되는 현상을 의미한다. 그림 2-4에서 나타나듯이, 충돌하는 물질이 양이온(positive ion)인 경우에는 음극 스퍼터링(cathodic sputtering)이라고 하고, 대부분 스퍼터링은 이와 같은 방식을 사용한다. 왜냐하면, 전기장(electric field)을 인가하면 양이온들을 가속하기 쉽고 충돌 시에 발생하는 Auger 전자와 결합하여 중성이 되면서 중성 원자가 충돌하기 때문이다.

스퍼터링은 높은 에너지를 가진 입자(이온)가 박막 물질의 표면에 충돌하여 운동량(momentum)을 전달함으로써 박막 물질 원자가 분리되어 튀어나오면서 일어난다. 이와 같이 스퍼터링은 이온(입자)의 가속, 이온의 박막 물질과의 충돌, 그리고 박막 물질에서 원자의 방출 등 3가지 과정을 통해 발생한다.

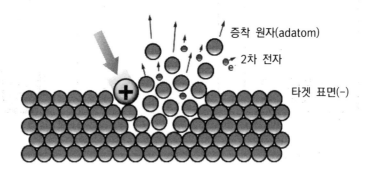

그림 2-4 ▌ 스퍼터링 현상

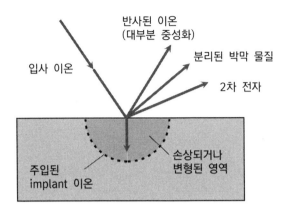

그림 2-5 ▌스퍼터링에 의한 박막 표면에서 상호 작용

그림 2-5에서는 스퍼터링 현상에 의해 박막 물질의 표면에서 발생하는 상호작용을 나타내고 있다. 입사하는 이온은 20∼30 eV 정도의 매우 높은 에너지를 가지고 있어야만 박막 물질 덩어리에서 원자를 떼어낼 수 있으며, 이는 스퍼터링이 일어나기 위한 문턱 에너지(threshold energy)가 있기 때문이다. 일반적으로 금속 원자 한 개가 고체에서 기체로 승화하기 위해 필요한 에너지는 3∼5 eV 정도인데 비해, 스퍼터닝에 필요한 에너지는 20∼30 eV 정도로 상당히 큰 값이다. 이는 대부분의 에너지가 열로 방출되고, 극히 일부의 에너지만이 스퍼터링에 이용되기 때문에 실질적으로 에너지 효율이 낮은 편이다.

스퍼터링 현상에 의해 스퍼터된 원자와 2차 전자가 발생하며, 이때 스퍼터된 타겟 원자는 기판으로 이동하여 기판에 부착하면서 박막을 형성한다. 기판에 도달한 고에너지의 타겟 원자는 재 스퍼터링(re-sputtering)을 일으켜 기판에서 재증발하기도 한다. 기판 위에 증착된 원자는 불안정하여 남아있는 운동 에너지를 이용하여 표면에서 확산하여 안정한 자리를 찾아 이동하고, 증착 원자들끼리 모여 클러스터(cluster)를 형성하며, 안정화되면서 박막으로 성장한다. 그리고 용기 내에 과잉 Ar 가스와 입자들은 배기구를 통해 배출되어 제거된다.

◎ 직류 스퍼터링

직류 스퍼터링(DC sputtering)은 단순한 구조이고 조작이 편리하며, 일명 다이오드(diode) 혹은 음극(cathode) 스퍼터링이라고 부른다. 그림 2-6은 직류 다이오드 스퍼터링 장치의 기본 구조를 보여주며, 박막 증착은 기체의 압력과 전류 밀도에 의존한다. 직류 스퍼터링은 그림에서와 같이 타겟 표면에 높은 (-) 전압을 인가하고, 기판은 전기적으로 접지된다. 전기장이 형성되면 음극에서 가속된 전자가 Ar 기체와 충돌하여 Ar^+ 이온을 생성하며, Ar^+ 이온이 타겟 물질과 충돌할 때, 박막 물질 원자가 분리되어 튀어나온다. 타겟 물질에서부터 분리되어 튀어나온 원자는 양극의 기판으로 무질서하게 이동하다 기판에 응축되면서 박막을 형성한다. 장치와 동작이 간단하지만, 단점으로는 낮은 증착 속도와 박막 물질에서 열이 많이 발생하고, 전자에 의한 기판의 손상이 쉽게 발생할 수 있다. 또한 에너지의 효율성 낮으며, 높은 작업 압력으로 요구하기 때문에 박막의 순도가 좋지 못한 편이다. 타겟 물질은 주로 고체를 사용하지만, 특별한 경우에는 분말이나 액체를 사용하기도 한다. 하나 혹은 여러 개의 물질을 사용할 수 있으나 반드시 타겟은 전도체이어야 하고, 절연체를 스퍼터하기는 어렵다.

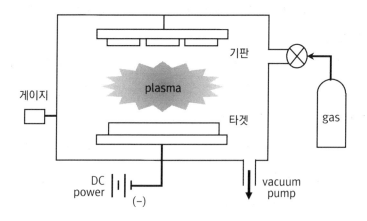

그림 2-6 ▌직류 스퍼터링 장치의 구조

◎ 스퍼터율

스퍼터율(sputter yield)이란 1개의 양이온이 음극의 타겟으로 충돌할 때, 표면에서 방출되는 원자의 수로 정의한다. 스퍼터율은 박막 물질 재료의 특성, 입사되는 이온의 에너지, 질량 및 입사각 등에 의존한다. 일반적으로 스퍼터율은 이온의 에너지와 질량이 비례하여 증가하지만, 가속 에너지가 너무 크면 스퍼터가 발생하기보다는 오히려 내부로 이온 주입이 일어나 스퍼터율은 감소하게 된다.

타겟 표면에 충돌하는 현상을 이해하기 위해서는 원자 상호 간의 포텐셜 함수(interatomic potential function)로 고려하며, 두 입자 간의 충돌은 에너지 전달함수(energy transfer function)로 특징된다. 가속된 이온의 에너지가 타겟 물질의 원자에 얼마나 잘 전달되느냐에 따라 스퍼터율은 달라지며, 핵저지 능력(nuclear stopping power)에 의존한다. 1 KeV 까지의 낮은 충돌 에너지(E)에 대해서는 **Sigmund**가 제시한 식을 토대로 스퍼터율 S을 표현하면,

$$S = \frac{3\alpha}{4\pi^2} \frac{M_i M_t}{(M_i + M_t)^2} \frac{E}{U_0} \qquad (2\text{-}1)$$

단, M_i = 가속 이온 질량, M_t = 타겟 물질 질량, E는 충돌 에너지, α 는 무차원 계수이며 M_t/M_i의 함수이고, U_0는 재료 표면의 결합 에너지이다. 식에 의하면 스퍼터율이 충돌 에너지(E)에 비례하여 증가하는 것으로 표현되지만, 실제로는 1 KeV까지만 증가하고 그 이상의 충돌 에너지에서는 포화되며, 이온주입 현상이 일어나면서 스퍼터율이 감소하기 시작한다. 이와 같이 타겟으로 충돌하는 가속 에너지가 클수록 스퍼터율은 커지지만, 에너지가 너무 크면 스퍼터율은 둔화하면서 타겟 내부로 침투하는 이온주입이 발생한다. 충돌하는 이온 질량의 원자 번호가 클수록 스퍼터율은 좋지만, 비교적 가격이 싼 Ar 가스를 주로 사용한다. 타겟 물질의 결정 방향에도 의존하며, 단결정일 경우에 이온들이 침투하기 유리한 결정면에 대해서는 스퍼터율이 감소한다.

○ RF 스퍼터링

직류 스퍼터링에서는 절연체 타겟을 이용하여 박막을 증착하기 어렵고, 고전압이 필요하며, 스퍼터링 효율이 낮다는 단점이 있어 RF 스퍼터링법이 개발되었다. 보통 RF 주파수는 주로 13.56 MHz가 많이 사용하며, 플라즈마의 발생과 고주파 전력원을 사용하므로 절연체 타겟을 스퍼터링하여 증착할 수 있고, 낮은 압력에서도 증착 공정이 가능하다.

RF 발생기는 진공 용기의 내벽이나 기판의 고정 장치에 접지하여 결합 전극을 만들며, 공명 회로에서 필요한 유도 계수(inductance)를 만들기 위해서는 RF 발생기와 부하(load) 사이에 임피던스 정합 회로(impedance matching network)를 고려한다. RF 시스템에서는 유도 전류(inductive)나 전기 용량(capacitive) 손실을 감소시키기 위하여 적당한 접지, 도선 길이의 최소화, 불필요한 연결 부분을 제거하는 것이 중요하다.

절연체의 타겟 물질은 열전도성이 좋지 않아 열충격에 의해 깨질 수도 있기 때문에 증착 속도가 제한적이다. 이러한 단점을 극복하기 위하여 타겟에 금속 물질을 설치하고 반응성 가스를 이용하여 절연막을 형성시키기도 하지만 증착 속도가 느린 편이다.

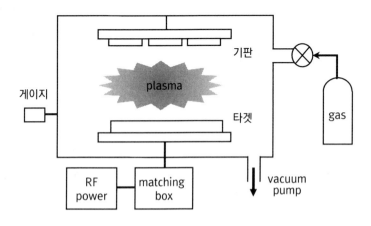

그림 2-7 ▮ RF 스퍼터링 장치의 구조

그림 2-7에서는 RF 스퍼터링 장치의 구조를 간략하게 보여준다. RF 주파수로 방전하면, 타겟 물질이나 기판이 모두 스퍼터링될 수도 있지만, 고주파의 양의 반주기에는 전자가 타겟으로 끌려가서 전자전류가 흐르고, 음의 반주기에는 양이온이 끌려 이온전류가 흐른다. 즉, 두 전극 사이에 인가되는 전위가 어떻게 걸리느냐에 따라 달라지며, DC 옵셋트 전압이 형성되도록 블록 커패시터를 설치하여 해결할 수 있다.

◎ 마그네트론 스퍼터링

마그네트론 스퍼터링(magnetron sputtering)은 타겟 아래에 영구자석을 놓아 타겟 표면과 평행한 방향으로 자기장을 인가한다. 마그네트론 스퍼터링은 자기장이 타겟 표면과 평행하고, 전기장은 수직으로 분포한다. 전자는 로렌츠(Lorentz) 힘을 받아 타겟 표면에 제한된 영역에서 가속되어 나선운동을 하며, 타겟 주변에 전자가 벗어나지 않고 선회하여 플라즈마는 타겟 표면에 고밀도의 플라즈마가 형성되어 이온화율이 증가한다. 즉, 타겟 표면에 제한된 영역에 Ar^+ 이온이 집중되면서 방전 전류가 증가하고 증착속도도 높아진다. 기판으로 향하는 전자의 충돌이 적어지고, 증착속도가 증가한다. 박막의 증착속도는 약 50배 정도까지 향상되고, 동작 압력도 1 mTorr까지 낮아질 수 있으며, 자장의 세기는 대략 200~500 G 정도이다.

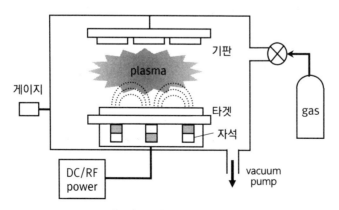

그림 2-8 ▌DC/RF 마그네트론 스퍼터링 장치의 구조

○ CVD법

화학적 증기증착법(CVD; chemical vapor deposition)은 외부와 차단된 반응실(reactor) 안에서 기판 위에 원하는 물질을 기체로 공급하여 열, 플라즈마(plasma), 자외선(UV), 레이저(laser), 또는 임의의 에너지에 의한 열분해를 일으켜 박막을 증착하는 공정이다.

그림 2-9에서 나타나는 바와 같이 CVD 공정의 기본적인 과정을 살펴보면, 반응 물질(reagent)을 기판으로 이송되고, 진공 용기 내에서 기체가 반응하여 박막 재료 물질과 부산물(by-product)이 생성되며, 박막 물질 재료는 기판 표면으로 이동한다. 기판 표면에 흡착된 반응 물질은 기판 위에서 확산하여 표면에 화학반응을 통해 기판의 표면에서 결정 성장이 시작되면서 박막을 증착하고, 부산물은 표면에서 탈착하여 과잉 가스와 함께 배출구로 배기한다.

CVD 장비의 구성은 동작 원리에 따라 매우 다양하지만, 그림 2-10과 같이 장비의 공통적인 구성 요소를 갖는다. 실제로 화학반응이 일어나 박막 증착이 이루어지는 진공 반응실(chamber)을 중심으로 원료 기체를 공급하는 공급부(gas inlet), 반응이 일어난 기체 및 부산물을 외부로 배출하는

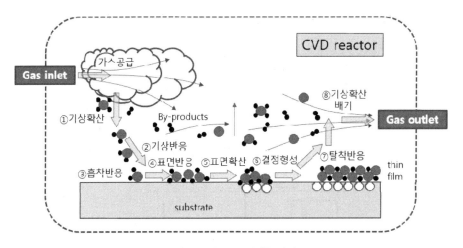

그림 2-9 ▎CVD 증착 과정

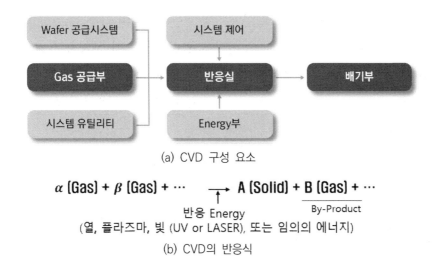

(a) CVD 구성 요소

$$\alpha \text{ (Gas)} + \beta \text{ (Gas)} + \cdots \longrightarrow \underset{\text{By-Product}}{\underline{A \text{ (Solid)} + B \text{ (Gas)} + \cdots}}$$

반응 Energy
(열, 플라즈마, 빛 (UV or LASER), 또는 임의의 에너지)

(b) CVD의 반응식

그림 2-10 ▍ CVD의 구성

배기부(exhaust), 기판을 고정하고 위치를 조정하는 지지부(substrate holder)와 반응에 필요한 에너지를 공급하는 전원인 에너지부(energy source) 등이 연결되어 있다. 공급부는 다시 기체를 저장 용기에서 반응실로 밀어내는 압력을 조절하는 조정기, 반응실로 공급되는 각각의 기체의 유량을 조절하는 질량유량 제어기(MFC; mass flow controller) 및 길목마다 흐름을 제어하는 각종 밸브 등으로 구성되어 있으며, 배기부는 배기하는 양을 조절하는 배기 밸브와 진공 펌프 등으로 구성된다. 기판 지지부는 진공 흡입, 클램프(clamp), 전자기력 등의 방법으로 기판을 고정하며, 히터가 장착되어 기판 온도를 조절하기도 하고, 플라즈마를 이용하는 경우에는 전극 역할을 수행하기도 한다.

○ CVD의 종류

화학적 증기 증착법(CVD; chemical vapor deposition)을 쉽게 표현하면, 기본적으로 유체에 의해 분자나 이온들이 기판으로 운반되어 고체의 박막층을 형성하는 증착 공정이다. 증기 혹은 기상이란 말은 박막을 형성하기 위해 필요한 원소는 기체 상태로 공급되어야 한다는 의미이다. 그리고 화학적이란 의미는 원료 기체 내에 포함되어 있던 원소들이 화학적인 반응을 통하여 고체로 변하는 것을 뜻한다. 즉, 단순히 물리적 변화만을 일으키는 물리적 증기 증착법(PVD)과 대비되며, CVD에서는 원료 기체의 조성과 박막이 서로 다른 화학적 조성을 갖게 된다.

CVD에서 화학반응이 바르게 일어나기 위해서는 여러 가지 공정 조건과 분위기가 정밀하게 조절되어야 하며, 원료 기체가 자발적으로 화학반응을 일으킬 수 있도록 활성화시키는 에너지를 공급하여야 한다. 일반적으로 CVD라 부르는 박막 증착법은 이러한 조건들을 최적화하기 위해 장비를 설계하고, 구성함에 따라 다양하게 분류된다. 원리에 따라 중요하다고 고려되는 요소를 일컬어 이름을 짓게 되고, CVD에 접두어로 붙은 단어들을 살펴보면 각각의 기술에 대한 원리나 특징 등을 파악할 수 있다. 예를 들어, 수~수백 mTorr의 낮은 압력을 이용하는 기술은 저압 CVD(LPCVDE), 플라즈마를 이용하여 원료 기체를 활성화하는 증착 기술은 플라즈마 CVD(PECVD), 금속 원소에 유기물 반응기가 결합된 형태의 기체 분자를 원료로 사용하는 증착 기술은 금속유기 CVD(MOCVD) 등으로 부른다.

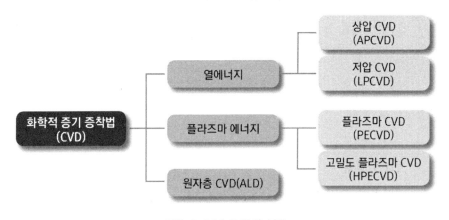

그림 2-11 ▋ CVD의 분류

○ 저압 CVD

저압 CVD(LPCVD; low pressure CVD)에서 기체 흐름이나 기체 배기 장치는 상압 CVD 장치와 비슷하지만, 증착의 균일도, 단차 피복성(step coverage)과 불순물 등의 문제를 개선할 수 있기 때문에 박막 제조에 많이 사용한다. 진공 용기는 일반적으로 저항 가열로(furnace) 안에 장착되며, 낮은 압력을 유지하기 위하여 진공 통로를 가지고 있다. 반응 생성물과 사용되지 않은 기체들은 진공 펌프로 반응로 바깥으로 배출된다.

압력이 낮아지면 반응 기체 분자의 확산이 증가하여 기판에 도달하는 반응 기체의 질량 이동이 박막 성장에 제한을 가하지 않아 저압 CVD를 이용한 박막을 증착 시에 웨이퍼의 간격을 좁힐 수 있어 많은 양의 증착이 가능하다. 저압 CVD 장치에서 증착 변수는 질량 전달에 직접적으로 관계가 있는 온도와 압력이고, 저압 CVD 장치의 표면 반응에 온도와 저압에서의 질량 전달은 비례적이다. 저압 CVD 장치의 전형적인 구성 개략도는 그림 2-12에서 나타난다. 그림에서 나타나듯이, 저압 CVD는 반응관 벽면을 가열하는 것으로 반도체 실리콘 산화막이나 질화막의 박막 제조에 가장 많이 사용된다. 압력은 0.25 ~ 2.0 Torr 정도이고, 공정 온도는 800~850℃의 고온으로 비교적 낮은 증착속도인 10~50 nm/min에서 최대 200장의 웨이퍼를 제조할 수 있다.

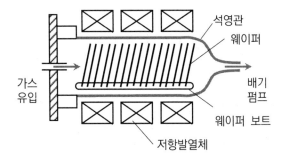

그림 2-12 ┃ 저압 CVD의 기본 구조

저압 CVD는 저온 공정이 가능하며 미리 형성된 불순물(dopant) 분포의 유지가 가능하다. 넓은 면적을 균일하게 증착시킬 수 있으므로 값싼 공정이 가능하다. 동일 기판 또는 기판 간의 두께와 저항 균일도가 우수하다.

○ 플라즈마 CVD

플라즈마 CVD(PECVD; plasma enhanced CVD)는 RF를 이용하여 반응 가스를 플라즈마로 만들어 웨이퍼에 박막을 증착하기 때문에 상압이나 저압 CVD보다 낮은 온도에서 증착이 가능하다. 따라서 낮은 압력 하에 글로우 방전을 이용하여 화학반응을 촉진시키고, 열적 반응만 있을 때보다 낮은 온도에서 플라즈마를 활용하여 저온에서 공정이 가능한 화학적 기상증착법이다. 주로 금속 위에 산화물(SiO_2)이나 질화물(Si_3N_4)을 증착하기 위해 사용하며, 박막의 접착력이 열을 이용한 증착 방식보다 우수하고, 단차 피복성(step coverage)이 매우 좋으며, 핀홀(pin-hole) 밀도가 적다는 등의 특성을 가진다. 최근에는 높은 온도에서의 공정으로 박막이 형성되면 하부층의 박막들에 손상을 일으켜 소자에 이상을 초래할 수 있다는 단점 때문에 손상을 주지 않는 낮은 온도에서 층간 절연막 혹은 보호막을 형성할 수 있는 플라즈마 CVD법이 각광을 받고 있다. 그림 2-13은 수평 방사형 플라즈마 CVD 장치의 구조를 보여준다.

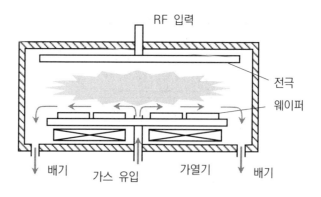

그림 2-13 ▌ 수평 방사형 플라즈마 CVD의 기본 구조

그림 2-14에서는 플라즈마 CVD에서 박막 특성에 영향을 주는 요소를 나타낸다. 증착 시에 반응기 내에서 전기적 변수, 속도론적 변수, 플라즈마 특성 변수 및 표면 특성 변수 등이 박막 특성에 영향을 미치게 된다. 플라즈마 CVD에서 플라즈마 형성에 따른 반응물들이 반응속도론적으로 중요하다. 플라즈마 형성에 따라 일어나는 반응은 이온화(ionization), 여기(excitation), 해리(dissociation) 등이 있으며, 이로 인하여 다양한 반응 물질들이 발생함으로 증착에 중요한 역할을 하는 반응 물질은 라디칼(radical)이다.

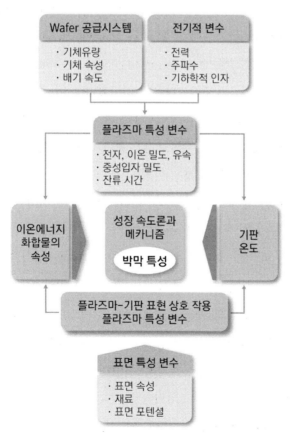

그림 2-14 ▌ 플라즈마 CVD에 영향을 주는 인자

2-3 반도체 포토공정

반도체 공정에서 포토 공정은 반도체 칩의 집적도를 향상하는 가장 핵심적인 공정이다. 포토리소그래피 공정(photolithography)을 줄여 포토 공정(photo process) 혹은 리소 공정(litho process)이라고 부르기도 한다. 원래 포토리소그래피는 photo-litho-graphy의 합성어이며, light(빛)-stone(돌, 석판)-writing(쓰다)가 합쳐져 빛을 이용하여 웨이퍼에 회로를 그린다는 의미이다.

포토 공정의 개발사를 살펴보면, 1825년 프랑스의 J.N. Niepce가 처음으로 사진기술을 개발한 이래로, 1935년 Eastman Kodak사의 L. Minsk가 최초로 음성감광액을 제조하였고, 1940년에는 O. Suess가 양성감광액을 개발하였다. 1958년 미국의 TI사에 J. Kilby가 반도체 집적회로(IC; integrated circuit)를 개발하였고, 1960년대 초반에는 반도체 제조공정에서 집적회로의 제조에서 패턴을 정의하고, 전사 과정에 핵심 공정인 포토 공정이 적용되기 시작하였다. 이후로 포토 공정은 반도체 산업에서 사용되는 고도로 정교한 공정 중의 하나로 자리 잡았고, 현대의 집적회로 및 반도체 제조 기술의 발전을 이끌게 되었다.

포토 공정은 반도체 웨이퍼 표면에 미세한 패턴을 형성하여 반도체 소자의 미세한 구조를 제조하는 공정으로 결정적인 역할을 한다. 포토 공정을 정의하면, 설계된 회로 패턴으로 만들어진 마스크(mask)에 빛을 쪼여서 생기는 그림자를 웨이퍼 상에 전사하여 복사하는 기술이다. 즉, 마치 사진을 찍듯이 웨이퍼 위에 설계된 회로를 찍어내는 공정이며, 웨이퍼 상에 회로 패턴을 구현하기 위한 공정이다.

포토 공정은 반도체 전공정 중에 PR 도포(photo resist coating), 노광(exposure), 현상(development), 식각(etching) 및 박리(strip) 등의 단계를 포함한다. 그림 2-15에서 포토 공정과 개념도를 나타내며, 그림 2-16은 포토 공정을 간략하게 도식화하여 나타낸 것이다. 포토 공정을 간략하게 설명하면, 먼저 기판이 되는 실리콘 웨이퍼에 스핀 코터를 이용하여 액체의 감광물질인 PR을 도포하고, 마스크 패턴을 정렬한 후, UV 빛으로 노광시켜 회로 패턴을 PR 위에 형성한다. 그리고 회로 패턴이 그려진 감광막을 식각하고, 현상액을 이용하여 PR 패턴을 제거하게 된다.

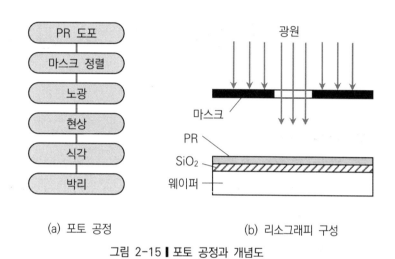

(a) 포토 공정   (b) 리소그래피 구성

그림 2-15 ┃ 포토 공정과 개념도

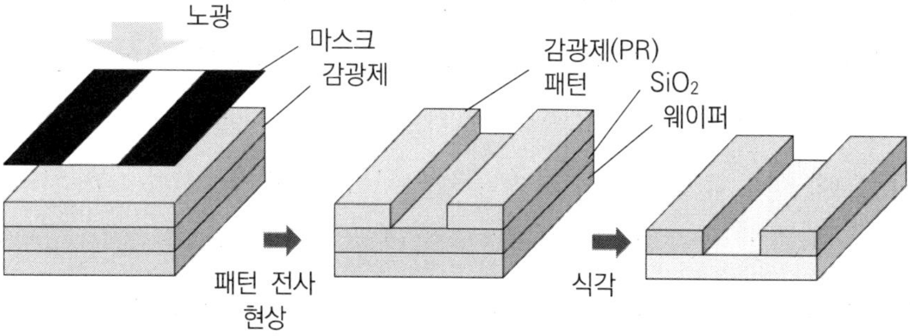

그림 2-16 ┃ 간략한 포토 공정

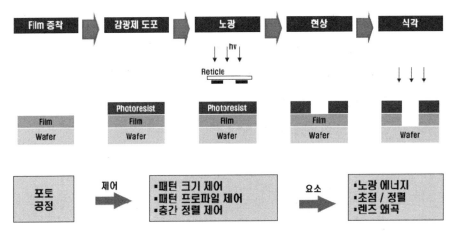

그림 2-17 ▌ 포토 공정의 흐름

○ 포토 공정의 순서

반도체 공정에서 포토 공정의 전반적인 흐름은 그림 2-17에서 나타내며, 포토 공정은 집적회로 제조공정에서 감광성 고분자를 이용하여 마스크 상에 패턴을 웨이퍼 위에 전사하는 공정으로 반도체 공정 중에 가장 핵심이 되는 단계이다.

이미 산화 공정으로 얻은 실리콘 산화막 포함한 웨이퍼는 포토 공정을 시작하기 전에 세정과 건조를 통해 웨이퍼 표면의 유기물이나 부유 입자 등에 의한 오염 요소를 제거하는 초기 작업을 진행한다. 그리고 감광액(PR)을 도포하기 전에 HMDS(헥사메틸디실라제인; hexamethyl-disilazane)를 코팅하는데, 이는 감광액의 점착력을 증가시키는 역할을 한다. 즉, 친수성(hydrophilicity)을 띠는 실리콘 산화막의 표면을 소수성(hydrophobicity)의 감광액이 잘 접착하도록 소수성의 HMDS를 웨이퍼 위에 코팅한 후, 감광액을 도포하게 된다.

감광액을 도포하는 과정은 스핀 코터(spin coater)의 척(chuck)에 웨이퍼를 올려놓고 진공으로 고정한다. 일정한 점도를 가진 유기 용매인 감광액을 웨이퍼의 중앙에 떨어뜨린 후, 고속으로 회전하여 웨이퍼 상에 균일한 두께로 도포한다. 웨이퍼에 도포된 감광액의 두께는 일반적으로 스핀 코터의 회전 속도와 점도에 의해 결정되며, 감광액은 온도에 민감하므로 온도 편차를 이용하여 정밀하게 제어한다. 노광 공정을 진행하기 전에 노광 장비 내의 마스크를 웨이퍼 상에 정확히 배열하는 정렬(alignment) 단계를 거쳐 자외선(UV) 빛을 조사하는 노광 공정을 진행한다.

이러한 노광 공정에서는 층간 정렬, 패턴 크기 및 패턴의 프로파일 등을 제어하고, 자외선 빛의 양을 조절하여 감광막의 반응 정도를 제어하게 된다. 그리고 현상액과 세척제를 사용하여 불필요한 감광막 일부를 제거하는 현상 공정을 통해 연이어 진행되는 식각이나 이온주입 공정을 준비한다. 이와 같은 포토 공정의 마무리 단계로 회로 선폭, 임계차수(CD; critical dimension), 층간 정렬 오차, 패턴 형상, 이물질 및 결함 등의 검사를 수행한다. 그림 2-18에서는 포토 공정의 구체적인 흐름의 단계를 과정별로 보여준다.

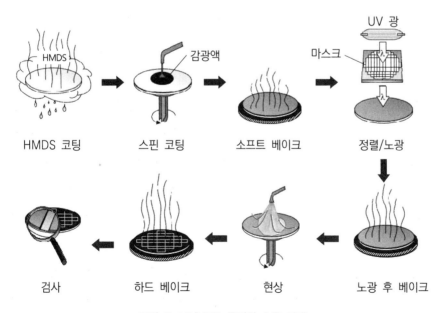

그림 2-18 ▌ 포토 공정의 흐름 단계

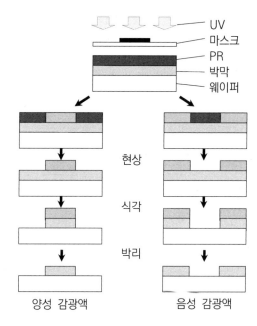

그림 2-19 ▋ 감광액 종류

○ 감광액

감광액(PR; photo resist)은 미세한 패턴을 형성하기 위해 사용하는 물질이며, 고분자 수지와 빛에 감응하는 광감응성 물질과 이를 용해하여 점성을 갖도록 유기 용매가 포함된 액체이다. 주로 사용되는 감광액은 크게 양성 감광액(positive PR)과 음성 감광액(negative PR)으로 나뉜다. 그림 2-19에서 보듯이, 양성 감광액은 노광 공정으로 빛을 닿은 부분이 현상 과정에서 제거되는 경우이고, 반대로 음성 감광액은 노광으로 빛을 받은 부분이 단단해져 현상으로 빛이 닿지 않은 부분이 제거된다. 대부분의 포토 공정에서 감광액은 양성 감광액을 사용하며, 회로 패턴의 구조에서 일부 음성 감광액을 사용한다.

감광제의 성분을 보면 크게 용제(solvent)를 제외하고 2성분과 3성분으로 구성되는데, 최근에 단파장 쪽으로 기술이 발전함에 따라 3성분계를 많이 사용하고 있다. 감광제는 크게 용제(solvent), 다중체(polymer), 감응제(PAC;

photo active compound)로 구성되며, 이중 용제는 감광제를 액체 상태로 유지하여 기판에 도포하기 쉽게 만들고, 다중체는 고분자 물질로서 막의 기계적인 성질을 결정하며 감응제는 빛에 의한 광화학 반응을 일으킨다. 양성 감응제의 경우, 감응제는 고분자가 용매에 녹는 것을 억제하는 용해 억제(dissolution inhibitor) 역할을 하는데, 빛에 노출되지 않으면 감광제가 용매에 녹는 것을 억제해 주다가 자외선에 조사되면 구조가 깨지면서 더 이상 용매 억제 기능을 하지 못해 결국 빛에 조사된 부분이 선택적으로 녹아가게 된다. 이러한 감응제를 용해 억제형이라고 한다.

○ 포토 마스크

포토 마스크(photo mask)는 노광 공정에서 미세 패턴을 형성하기 위해 사용하는 도구이며, 석영이나 유리와 같은 투명한 기판 위에 증착된 크롬(Cr)을 차광막으로 미세한 회로 패턴을 형상화하여 새겨 놓은 필름과 같은 정밀한 원판이다. 마스크는 보통 레티클(reticle)이라 부르기도 하는데, 엄밀히 말하면 웨이퍼에 새겨지는 패턴의 크기와 마스크에 패턴 크기의 비율이 1:1이면 마스크라고 하고, 1:4~1:10의 비율이라면 레티클이라 정의한다. 마스크와 레티클은 구분 없이 사용하는 추세이지만, 사용 목적이나 감광액의 종류, 노광 장비, 구조와 두께에 따라 다르게 사용한다. 그림 2-20은 마스크와 레티클을 나타내고 있다.

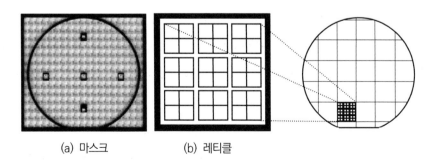

(a) 마스크   (b) 레티클

그림 2-20 ▌ 포토 마스크

크롬이나 크롬 산화물(Cr_2O_3)은 빛을 차단하는 성질을 가져 차광막으로 사용하며, 노광 공정에서 마스크는 기판 위에 차광막을 이용하여 회로를 설계하고 원하는 부분만 빛이 노출되도록 제작한다. 이와 같은 포토 마스크는 다음과 같은 요건을 갖추어야 하는데, 먼저 낮은 열팽창계수를 가져야 하며, 기판으로 사용하는 석영이나 유리는 높은 투과도를 가져야 한다. 반면에 차광막은 빛에 대해 낮은 투과도를 가지고, 기계적 혹은 화학적으로 내구성이 뛰어나 제조 단가를 낮추어야 한다.

포토 마스크의 제작 과정은 웨이퍼 포토 공정과 유사하며, 비교적 간단하다. 먼저, 만들어야 할 반도체 회로를 설계하고, CAD를 이용하여 평면도로 회로를 패턴화한다. 그리고 평면도의 회로 패턴으로 마스크를 제작하게 되는데, 투명한 석영 기판에 크롬과 같은 금속 박막을 코팅하고 감광제를 도포한 후, 레이저 빔을 이용하여 CAD 패턴을 그려 크롬을 선택적으로 식각하여 원하는 패턴을 형성한다. 레티클은 실제 패턴보다 10배 정도 큰 패턴으로 준비하고, 이를 10분의 1로 축소한 패턴을 마스크 기판 위에 반복적으로 전사하여서 마스크 원판을 만드는 과정이다.

○ 노광 공정

노광 공정은 빛을 조사하여 회로 패턴을 웨이퍼에 전사하는 공정으로 이를 위해서는 먼저 포토 마스크를 기판에 올려놓을 때 원하는 위치에 잘 배치되도록 정렬하는 기술이 필요하다. 마스크에는 모서리 부분에 정렬을 위한 표시(marker)가 있고, 보통 레이저를 이용한 정렬키(align key)로 표시 지점에 조사하며, 바닥에서 반사되는 빛의 양을 파악하여 최적의 위치로 배열한다. 노광 공정은 자외선(UV)을 원하는 세기로 적당한 시간만큼 조사하여 기판에 있는 감광막에 전달한다. 만일, 빛을 적게 조사하면 감광막이 제거되기 힘들어지고, 또한 빛을 너무 많이 조사하면 원하지 않는 부분까지 제거되기 때문에 적당한 빛의 양을 노출하여야 한다. 보통 I-line

(365nm), KrF(248nm), ArF(193nm)의 자외선을 사용하며, 점차적으로 미세
한 패턴을 얻기 위해서는 파장이 작은 빛을 이용하게 된다.

그림 2-21은 마스크와 웨이퍼의 정렬과 노광 공정을 보여준다. 마스크
의 회로 패턴을 웨이퍼에 전사하는 방법은 1:1이나 n:1로 축소하게 된다.
이처럼 노광 공정은 마스크의 패턴을 웨이퍼에 전사하기 위해 사용하지
만, 더욱 큰 목적은 회로 패턴을 축소하여 소자를 소형화하는 것이다. 노
광 공정에서 정렬과 노광을 위해 스텝퍼(stepper)를 주로 많이 사용한다. 렌
즈의 특성에 따라 결정되는 개구수(NA; numerical aperture)는 스펩퍼의 해상
도(resolution)와 촛점 심도(DOF; depth of focus)를 결정하는 중요한 인자이며,
이에 따라 제품의 최소 회로 선폭과 생산 마진 영역이 결정된다. 해상도와
초점 심도는 다음의 식으로 표현된다.

해상도, $R = \dfrac{K_1 \lambda}{NA}$

초점 심도, $DOF = \dfrac{K_2 \lambda}{2(NA)^2}$

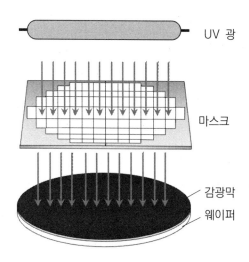

UV 광

마스크

감광막

웨이퍼

그림 2-21 ▮ 정렬 및 노광 공정

$$\text{렌즈의 개구수, } NA = \frac{R}{F}$$

여기서, λ 는 노광 파장, NA는 렌즈의 개구수, K_1와 K_2는 비례상수, R은 렌즈의 반지름, F는 초점 거리이다. 식으로부터 개구수는 렌즈의 지름에 비례하고, 초점 거리에 반비례한다. 그리고 초점 심도는 렌즈를 통과하여 축소된 빛의 초점을 맞추는 범위를 의미하며, 렌즈가 커질수록 초점 심도는 커지고 초점은 더 선명해진다. 위 식에서 알 수 있듯이, 렌즈의 개구수 (NA)가 커질수록 해상도가 좋아진다. 개구수를 크게 하기 위해서는 렌즈를 크게 하거나 렌즈의 굴절률을 증가시킨다. 하지만 파장이 점점 짧아지면서 회절과 같은 기술적인 문제가 생기고, 렌즈가 커지면 공정 가격 상승 및 렌즈 가공에 문제점이 생긴다.

◯ 현상 공정

현상 공정(development process)은 노광으로 불필요한 영역의 감광막을 제거하는 과정으로 주어진 감광막에 적합한 용제를 사용하여 선택적인 감광막 패턴을 형성한다. 현상되지 않고 남아있는 감광막의 영역은 식각 시에 식각액과 반응하지 않아서 감광막의 아래에 있는 박막을 식각으로부터 보호한다. 현상하는 방법은 분무 방식(spray method)을 이용하거나 현상액과 세척액에 차례로 담는 담금 방식(dip method) 및 퍼들(puddle) 방식 등이 있다.

현상 과정에서 감광막이 제거되는 원리는 산-염기 중화반응(acid base neutralization reaction)에 의해 일어난다. UV 빛이 입사하여 감광막에 닿으면 빛을 받은 영역에서는 산성(acid)이 만들어지고, 노광 후에 베이크 과정에서 산이 확산되어 활성화된다. 따라서 빛을 받은 영역과 받지 않은 영역이 구분되며, TMAH와 같은 약알칼리성의 현상액은 산-염기 반응을 통해 빛을 받은 부분의 산성인 감광막은 중화되어 제거된다. 현상액은 양성(positive) 방식과 음성(negative) 방식으로 분류하며, 양성 현상액은 주로 양성 사진 방식에서 사용된다.

◎ 베이크 공정

포토 공정에서 베이크 공정은 감광액 도포 후에 소프트 베이크(soft bake), 노광 공정 후에 PEB(post exposure bake) 및 현상 공정 후에 하드 베이크(hard bake) 공정이 진행된다. 소프트 베이크는 액상의 감광액을 웨이퍼에 도포한 후, 유기 용매를 제거하기 위해 적용하는 공정이다. 웨이퍼 핫플레이트(hot plate)에 올려 가열하면 잔류하는 유기 용매가 제거되며, 대략 100℃에서 30초 정도를 적용한다. 소프트 베이크를 통해 감광막과 웨이퍼의 접착력을 향상할 수 있지만, 처리 온도와 시간이 적절하지 못하면 감광막이 벗겨지는 벗겨짐(peeling-off) 현상이 발생하여 미세 패턴에 문제를 야기할 수 있다.

PEB 공정은 노광 공정 후에 적용하는 베이크 공정으로 마스크를 이용하여 패턴에 의해 노광 후에 발생한 화학적인 반응을 안정화하는 단계이다. 노광 공정에서 자외선 저항에 필요한 100~110℃의 온도로 가열하여 굽게 되면 감광제를 안정화시켜 유리 기판에 부착력을 개선하며, 노광과 비노광 부분 사이의 용해도 차이를 증폭할 수 있다. 베이크 공정을 이용하여 감광막을 안정화시키면 현상 공정에서 사용하는 현상액에 대한 내구성을 향상하게 되어 용해도를 낮출 수 있고, 현상 이후에 패턴의 균일성을 증가시킬 수 있게 된다.

하드 베이크 공정은 현상 공정이 완료되면 웨이퍼 표면에 패턴화된 감광막의 접착력을 개선하고, 남아있는 감광제의 용매를 완전히 제거하기 위한 공정이다. 또한 식각 공정이나 이온주입 공정을 위해 감광막의 결합력을 강화하여 패턴의 안정화와 내구성을 개선하는 중요한 공정이다. 이때 감광막에 남아 있을 수 있는 여분의 용매가 제거되며, 접착력이 월등하게 증가한다. 공정 조건은 소프트 베이크에 비해 약간 가혹한 조건으로서 120~150℃의 온도에 10~20분이다. 지나치게 오래 열처리하면 찌꺼기(scum)가 생기며 감광막 제거가 어렵게 된다.

2-4 반도체 식각공정

식각 공정(etching process)은 주로 미세 패턴이나 구조를 웨이퍼의 표면에 형성하기 위해 사용되는 공정 중 하나이며, 웨이퍼의 표면에서 불필요한 물질을 제거하거나 반도체 소자의 복잡한 패턴을 화학적 또는 물리적으로 표면을 가공하기 위해 사용한다. 식각은 다양한 응용 분야에서 중요하며, 주로 반도체 제조 및 나노기술 분야에서 활용한다.

1950년대 이전까지만 하더라도 전자공학이나 반도체 산업에서 반도체 소자를 제조하기 위해 다양한 공정이 개발되었지만, 식각이라는 용어는 반도체 공정에서 아직 사용되지 않았다. 60년대에는 플라즈마 상태에서 화학적인 반응을 통해 반도체 표면을 부식시키는 공정으로 플라즈마 식각(plasma etching)이라는 식각 기술이 도입되면서 불순물을 제거하고 미세한 패턴을 형성하는 기술이 개발되었다. 70년대에는 RIE(reactive ion etching)와 같은 건식 식각 장비가 개발되어 더욱 정밀하고 선택적인 식각 기술이 도입되었고, 80년대 이후부터는 감광막과 포토 마스크 기술이 결합되어 정밀하게 미세한 패턴을 제어할 수 있게 되면서 반도체 소자는 더욱 미세화되었으며, 고밀도의 집적 기술을 통해 반도체 나노 공정의 시대를 열게 되었다. 그리고 현재에는 다양한 식각 기술로서 플라즈마 식각(plasma etching), 습식 식각(wet etching) 및 CMP(chemical mechanical polishing) 등의 기술이 적용되고 있다.

식각 공정은 반도체 소자를 제조하기 위해 웨이퍼에 회로 패턴을 형성하는 과정이다. 즉, 포토 공정을 통해 웨이퍼에 형성된 감광막 위에 회로 패턴을 가공하는 공정으로 화학적 혹은 물리적 반응을 이용하여 선택적으로 가공하거나 불필요한 부분을 제거하는 단계이다.

◎ 건식 식각

건식 식각(dry etching)은 반도체 제조 공정에서 특정한 물질의 표면을 제거하기 위해 사용하는 기본적인 식각 방법이다. 반도체 웨이퍼의 특정 영역을 제거하거나 패턴을 형성하기 위해 건식 화학적 반응을 이용하는 공정이다. 건식 식각은 습식 식각과는 달리 액체 식각액을 사용하지 않으며, 대신 기체나 플라즈마 상태의 화학물질을 이용하여 반응을 진행한다. 이러한 공정은 반도체 소자의 정밀한 패턴을 형성하고, 신속하게 소자를 제작하는 데 중요한 역할을 한다.

플라즈마를 이용하여 박막을 식각하는 건식 식각은 이온에 의한 물리적인 식각, 라디칼에 의한 화학적인 식각 및 이온과 활성의 라디칼을 이용한 식각으로 대별하여 구분할 수 있다. 건식 식각의 과정은 그림 2-22에서 나타나는 바와 같이 진공 상태의 용기에 불활성 가스를 공급한 후에 전원을 인가하면, 음극에서 발생한 전자가 전기장에 의해 가속되어 불활성 기체인 아르곤(Ar)과 충돌하면서 아르곤 원자를 이온화시키고, 양이온, 전자, 라디칼 및 중성 입자들이 혼재하는 플라즈마 상태를 만들게 된다. 이때 생성된

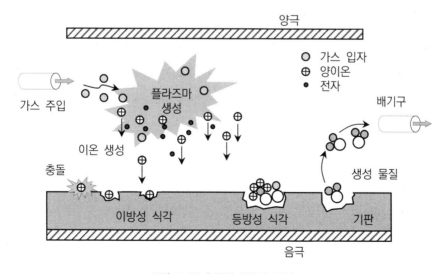

그림 2-22 ▌건식 식각의 과정

아르곤 양이온은 전기장 내에서 웨이퍼와 충돌하여 물리적으로 웨이퍼의 원자를 떼어내는 식각이 일어난다.

먼저 이온을 이용하는 물리적인 식각은 스퍼터링의 원리와 동일한 방식으로 플라즈마에 의해 생성되는 양이온이 음극을 향하여 진행하면서 기판 표면으로 가속되어 물리적인 방식으로 충돌(bombard)하며, 기판 박막의 결합을 끊어 원자나 분자가 튀어나오면서 식각되는 방법으로 주로 이방성 식각(anisotropic etch)을 진행한다.

화학적인 식각은 중성의 라디칼(radical)에 의해 이루어지며, 기판 표면으로 이동한 라디칼이 기판 박막의 원자나 분자와 화학적으로 반응하여 결합하면서 휘발성을 가진 화합물을 만든다. 이러한 화합물은 표면에서 빠져나와 식각을 진행하게 되며, 특정한 방향만이 아닌 다방면으로 진행하기 때문에 등방성 식각(isotropic etch)을 형성한다.

마지막으로 기판 표면에 양이온과 중성의 라디칼이 모두 가담하여 진행하는 식각의 경우는 표면에서 높은 에너지를 가진 양이온에 의한 물리적인 충돌로 인하여 박막의 결합을 끊게 된다. 더불어 화학적으로 활성화된 상태에서 반응성의 라디칼이 표면으로 이동하여 약화한 박막의 원자나 분자와 화학적으로 결합하면서 화학반응의 결과물로 휘발성을 가진 부산물(by-product)을 생성하며, 이러한 반응 부산물은 기판에서 탈착된다. 따라서 기판 표면에서는 등방성 식각을 이루게 되며, 탈착된 부산물은 용기 내에 가스 흐름으로 확산되어 배기구를 통해 제거된다. 이와 같이 양이온과 라디칼이 동반하여 진행되는 식각 과정이 가장 높은 식각률을 나타내며, 고밀도의 플라즈마를 통해 양이온과 라디칼의 농도를 높음으로써 더욱 높은 식각률을 얻을 수 있다.

건식 식각 공정의 과정에서 식각률에 영향을 미치는 요소는 공정 압력, 주입 가스의 종류, 가스 유량, 인가되는 전원 소스, 공정 온도 등이 있다.

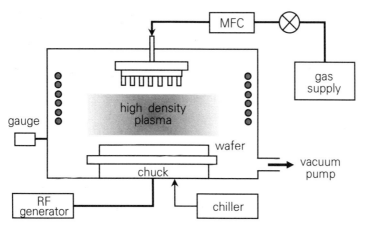

그림 2-23 ▌대표적인 건식 식각 장치의 구조

◎ 건식 식각 장치

건식 식각 장치의 기본적인 구성은 그림 2-23에서 나타내듯이, 일정한 압력을 유지하면서 공정을 진행하기 위한 반응 용기(chamber), 전원 공급과 시스템을 제어하기 위한 제어부, 장비 운용을 위한 구동부, 공정 온도를 일정하게 유지하기 위한 척(chuck)과 온도 제어부(temperaure control unit), 식각 공정을 진행하기 위해 기체를 공급하는 MFC(mass flow controller)와 기체 공급부(gas supply unit), 플라즈마를 발생시키는 위한 RF 발생 장치와 전력을 손실 없이 공급하기 위한 임피던스 정합 장치, 공정을 마치는 것을 확인하기 위한 종료점 검출기(EPD; end point detector) 등으로 분류한다.

식각 공정을 위한 진공 용기는 외부로부터 가스와 전원을 공급받아 특정한 온도와 압력 내에서 식각이 진행되도록 하며, 형태와 방식에 따라 배럴형(barrel), 평판형(planer), 반응성 이온 식각(RIE; reactive ion etching), 자기장 반응 이온 식각(MERIE; magnetically enhanced RIE), CDE(chemical downstream etching), ECR(electron cyclotron resonance), ICP(inductively coupled plasma) 등으로 구분한다.

제어부에는 장비 구동을 위해 전원을 공급하는 AC 전원, 장비 운용을 위한 시스템 제어 보드(system control board) 및 로봇의 구동을 제어하는 로

봇 제어기(robot controller) 등이 있다. 구동부에는 본체(main frame)를 중심으로 제어부에서 공급되는 교류와 직류 전원을 이용하여 실질적으로 웨이퍼 반송과 식각 공정이 진행된다. 이외에 온도 제어부는 반응 용기의 온도를 일정하게 유지하기 위해 온도를 제어하는 장치가 있고, 진공 펌프는 공정이 진행되는 동안에 일정하게 압력을 유지하며, 부산물이나 불필요한 가스를 제거하는 역할을 수행한다.

RF 발생기(radio frequency generator)는 플라즈마를 형성하기 위해 사용하는 고주파 전력 공급기이며, 플라즈마를 발생시키는 RF 발생기(generator)의 주파수는 보통 13.56 MHz를 많이 사용한다. 이외에 다른 주파수로는 400 KHz, 800 KHz, 2 MHz와 27.12 MHz를 사용하기도 한다. 주파수 사용 범위는 국제적으로 정해져 있으며, 특정 주파수만을 배정하여 다른 통신 장비에 영향을 미치지 않도록 규정하고 있다. 그리고 임피던스 정합장치(impedance matching box)는 RF 발생기에서 발생하는 고주파를 이용하여 반응 용기에서 고품질의 플라즈마가 형성될 수 있도록 반응 용기의 임피던스를 자동으로 조절하는 장치이다.

기체 공급부를 통해 주입되는 기체로는 공정을 위한 가스(process gas)와 장비 운용에 필요한 배기 가스(purge gas)로 구분한다. 공정 가스는 식각 대상 물질에 따라 다양하며, 다결정 실리콘의 경우 Cl_2와 CF_4, 실리콘 산화물의 경우 CF_4, 금속 식각일 경우는 Cl_2가 주로 사용된다. 배기 가스는 반응 용기 내에 분위기를 제어하고, 불순물이 유입을 방지하기 위해 사용하며, 질소나 아르곤 가스가 많이 사용된다.

○ 습식 식각

습식 식각은 화학적 반응을 이용하여 반도체 웨이퍼의 특정 부분을 제거하는 공정이다. 이러한 과정에서 사용되는 화학 용액은 반도체 웨이퍼 위의 특정한 영역에 해당하는 층과 반응하여 그 층을 제거하거나 패턴을 형성한다. 습식 식각은 반도체 산업 초기부터 웨이퍼 제작과 관련하여 많이 사용해 오던 공정으로 산화물 청소, 잔류물 제거 및 표면층 제거 등에 사용하는 세정 공정에 일부이기도 하다. 주로 화학약품을 이용하여 대상 물질을 제거하는 방법이며, 제거하고자 하는 특정 물질만을 제거하고 이외의 물질은 그대로 유지하기 위해 사용하는 매우 중요한 공정이다.

습식 식각은 두 가지 주요 유형으로 나누는데, 특정 물질을 제거하기 위한 화학적 반응(isotropic etching)과 패턴 형성을 위한 화학적 반응(anisotropic etching)으로 구분한다. 물질 제거를 위한 화학적 반응의 습식 식각은 반응이 등방성(isotropic)으로 진행한다. 즉, 화학 용액이 모든 방향으로 동일하게 층을 제거하며, 주로 층을 균일하게 제거하거나 구멍을 뚫거나 원형 패턴을 형성하기도 한다. 이러한 등방성 식각은 정확한 크기의 패턴을 구현하기 어렵기 때문에 원하는 패턴보다 작은 패턴을 형성하여 습식 식각하는 단점이 있고, 최소 선폭의 크기는 $3\mu m$ 이상의 소자 제작에 주로 사용한다. 패턴 형성을 위한 화학적 반응하는 유형의 습식 식각은 반응이 이방성(anisotropic)으로 진행한다. 화학 용액이 특정 방향으로만 층을 제거하기 때문에, 원하는 패턴을 형성하는 데 사용한다. 예를 들어, 반도체 위에 미세한 선을 형성하기 위해 주로 사용한다. 습식 식각의 제어 요소는 온도, 시간, 및 식각액 농도, 용매의 산도 등을 이용한다.

습식 식각의 과정은 크게 3단계로 진행하는데, 그림 2-24에서 나타내는 바와 같이 먼저 식각하려는 기판과 화학 용액을 선택한다. 이러한 용액은 기판의 박막층을 제거하거나 패턴을 형성하기 위해 필요한 반응을 수행하게 되며, 용액의 선정은 원하는 공정에 따라 달라진다. 식각 과정을 살펴보면, 식각시키고자 하는 물질 표면으로 반응 물질이 확산에 의해 이동하여 공급된다. 반응 물질은 표면에서 화학반응을 일으키고, 이를 통해 형성된 생성 물질이 표면에서 떨어져 나와 제거된다. 이때, 생성 물질은 식각 대상 물질의 이온과 반응 물질의 이온이 결합된 새로운 분자를 형성하여

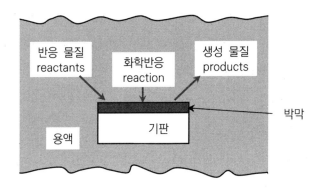

그림 2-24 ▌ 습식 식각의 과정

제거하려는 물질이 떨어져 나와 식각이 완성된다. 여기서 교반의 정도나 식각 용액 온도 및 시간 등은 식각 속도에 영향을 미치게 된다.

습식 식각은 기판을 반응 용액(etchant)에 담근 후, 박막이 화학작용이나 용해되어 제거하는 방법이다. 반응물은 용해될 수 있어야 하며, 식각액과 함께 쓸려 나간다. 습식 식각은 등방성 식각으로 모든 방향으로 동일하게 진행된다. 선택도(selectivity)는 식각을 원하는 물질과 원하지 않는 물질의 비율을 의미한다.

습식 식각에서 사용하는 식각액의 종류는 대상 물질에 따라 다양하며, 대상 물질의 물성과 식각 목적 등을 고려하여 선정한다. 식각액은 주로 산(acid)를 사용하며, 물질에 따라 암모니아(NH₄OH)나 수산화칼륨(KOH)과 같은 알칼리뿐만 아니라, 아세톤과 같은 유기 용제를 사용하기도 한다.

염산은 염화수소 수용액으로 염화수소산이라고도 하며, 대표적인 강산으로 물을 넣어 희석한 묽은 염산을 사용한다. 식각 공정에서 많이 사용하는 식각액이며, 주로 실리콘(silicon)을 식각하거나 산화 실리콘(SiO₂)을 제거하기 위해 사용한다. 염산은 등방성(isotropic) 또는 이방성(anisotropic) 식각에 따라 다르게 조절되어 사용한다.

표 2-1 ▌ 식각 용액과 식각 온도

기판	식각액	공정온도(℃)
실리콘 산화막	7 NH_4F : 1 HF	상온
Pyrolyc 산화막	7 NH_4 : 1 HF	상온
PSG 　절연막(insulator) 　보호막(passivation)	7 NH_4F : 1 HF 6 H_2O : 5 $HC_2H_3O_2$: 1 NH_4F	상온
질화막	H_3PO_4	155
다결정 실리콘 　도핑 　도핑 안함	200 HNO_3 : 80 $HC_2H_3O_2$: 1 HF 20 HNO_3 : 20 $HC_2H_2O_2$: 1 HF	상온
Al	80 H_3PO_4 : 5 HNO_3 : 5 HC_2H_3O : 10 H_2O	40~50

질산은 무색의 액체로 부식성과 발연성을 가진 대표적인 강산이며, 웨이퍼 공정에서 오염을 방지하기 위해 표면에 남은 불순물을 제거하는 물질이다. 특히 식각 공정은 반도체의 수율과 관련한 중요한 공정에 부식액으로 사용한다. 실리콘 식각이나 산화 실리콘 제거에 사용되는 식각액으로 이방성 식각을 위해 사용한다.

플루오린화 수소 혹은 불화수소라고 부르는 불산은 유독성으로 무색투명하며, 발연성과 자극성이 매우 강하다. 주로 실리콘 웨이퍼의 습식 식각 공정과 세정 공정에서 사용되고, 실리콘 산화물(SiO_2) 층을 제거하기 위해 사용된다. 주로 등방성 식각에 사용된다.

고순도 황산은 강산성의 액체이며, 비휘발성이다. 반도체용 고순도 황산은 반도체 제조 공정 중에 세정 공정에서 웨이퍼 표면에 부착된 유기물, 금속 오염물 및 불순물을 제거하기 위한 사용하는 필수적인 물질이다. 그리고 초산 혹은 아세트산은 상온에서 무색의 자극성이 매우 강한 냄새를 가진 신맛의 액체이다. 유리 식각이나 마스킹 물질을 제거하는 데 사용된다. 암모니아는 질소와 수소로 구성된 화합물로 반도체 제조에서 매우 중요한 화학 소재이다.

2-5 반도체 미세기계 공정

반도체 센서는 정확히 아날로그 변환소자라고 할 수 있으며, 소자의 특성과 정밀도는 가공 소재와 가공 정밀도에 영향을 받는다. 먼저 가공 소재의 특성을 살펴보면, 마이크로센서의 출력은 구성 재료의 기계적인 특성에 좌우된다. 가공 소재에 대한 품질의 중요성을 간과하게 되면 소자의 수율과 재현성이 떨어진다. 따라서 만족할 만한 소자의 성능을 얻기 위해서는 재현성이 가능하고 특성화된 소재를 사용하여야 한다.

대부분의 반도체 센서는 압력, 힘 및 가속도와 같은 물리적인 변수를 감지하기 위해 센서 구조에서 기계적인 변형이나 탄성에 의존한다. 재료의 영률(Young's modulus)은 가해지는 응력($E = \sigma/\epsilon$)에 대해 기계적인 변형을 나타내는데, 여기서 σ는 수직 응력이고, ϵ는 변형률이다. 결정물질의 주기적인 원자 격자는 일반적으로 이방성의 반복적인 영률을 가지며, 박막 소재에 대한 영률은 잘 알려지지 않았다. 박막의 기계적인 특성은 증착 조건에 따라 결정되며, 입자 크기, 결정 방향, 밀도 및 화학양론 등과 같은 미세 구조에 의존한다. 박막 재료는 이러한 조건에 따라 대부분 다결정이거나 비정질이며, 열처리 조건에 의해 박막 구조의 기계적 특성은 바뀐다. 미세가공 소재의 기계적인 특성에 대한 연구가 개선됐으며, 박막의 영률은 다양한 방법으로 측정할 수 있다.

가장 널리 사용되는 방법은 하중에 대한 변형의 특성을 측정하는 것이며, 단단한 다이아몬드 압자(diamond indenter)로 박막을 눌러 박막의 변형을 관찰하는 방식이다. 압축으로 인한 샘플의 영률은 매개변수에 의해 결정된다. 이와 같은 나노압입(nanoindentation) 방법은 금속과 같은 유연한 소재의 변형을 측정하기 위해 사용한다. 반면에 단단한 재료의 경우에는 하중 편향을 측정하기 위해 유연한 부품을 가공하여 사용하는 것이 편리하며, 일반적으로 유연한 빔이나 판을 대체하여 사용한다. 그리고 미세기계 소재에서 파괴나 주기적인 피로는 소자의 내구성과 동작 한계를 결정하는 중요한 기계적인 매개변수이다.

미세기계 센서의 동작과 구조적 무결성은 표류 응력(stray stress)의 존재에 상당한 영향을 받는다. 표류 응력은 외력이 없는 상태에서 박막에 나타나는 응력이다. 기계적 센서에서 비교적 작은 표류 응력은 센서가 감지하는 잡음 신호로 잘못된 결과를 초래하는 반면에 큰 응력은 심각한 구조적 변형을 일으킬 수 있다. 표류 응력에는 두 가지 원인이 있는데, 열 응력은 서로 다른 박막의 열팽창계수가 다르기 때문에 발생한다. 박막은 주변 온도보다 높은 온도에서 성장하기 때문에 열 응력이 발생하게 되며, 그림 2-25에서 나타나듯이 주로 바람직하지 않은 바이메탈 휨 효과를 일으킨다. 그리고 또 다른 원인은 잔류 응력(residual stress)이며, 이는 증착된 박막이 가장 안정적인 에너지 상태가 아니기 때문에 발생한다. 잔류 응력은 박막을 팽창시키는 압축성이나 수축시키는 인장성이 될 수 있다. 박막이 기판에 부착되면 내부 변형은 완화되지 않아 기계적인 변형을 일으킨다. 잔류 응력은 고온 열처리로 완화할 수 있지만, 온도가 높아 생산에서는 실용적이지 않다.

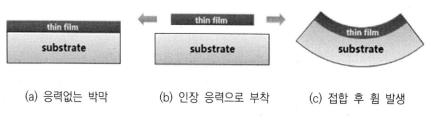

(a) 응력없는 박막   (b) 인장 응력으로 부착   (c) 접합 후 휨 발생

그림 2-25 ▌바이메탈 휨 효과

2-6 후막 미세기계 공정

후막 미세가공(bulk micromachining) 공정에서 센서는 단결정 기판을 식각하여 형성하며, 박막은 후막 기판을 패턴화하여 격리하거나 변형하여 기능을 수행한다. 이방성 식각기술은 고해상도 식각과 정밀한 치수 조정을 제공한다. 후막 미세가공으로 만들어진 센서는 양면 공정을 통해 한 면은 측정을 할 수 있도록 노출되며, 다른 소자 면은 패키지하여 감싸는 구조를 하게 된다. 이와 같은 양면 구조는 미세전자 소자에 적합한 구조를 만들어 매우 견고한 편이다. 다이어프램 압력센서나 캔틸레버빔 압저항 가속도센서와 같은 기계적 소자는 이러한 기술을 사용하여 제조해왔고, 아직도 여전히 적용되고 있다.

용량성 소자와 같은 복잡한 센서는 하나 이상의 기판을 붙여 결합하기도 하며, 웨이퍼 수준에서 후막 기판을 결합하여 제조하기도 한다. 현재 대량 웨이퍼 결합기술은 흔히 사용하는 방식이다. 하지만 이러한 결합기술은 기포나 동공을 제거하기 위해 웨이퍼 정렬이나 표면의 청결 등을 요구한다.

후막 기계가공 공정에서 단결정 기판은 기계 부품 제조에 이용하고, 유전체 기판은 구조적 지지대로 사용한다. 일반적으로 흔히 사용하는 기판은 실리콘과 비정질 유리이며, 단결정 실리콘은 미세기계 센서와 액츄레이터의 소재로 가장 많이 사용한다. 이는 고순도의 단결정 실리콘이 기판 소재로 저렴하게 이용할 수 있기 때문이다. 또한 고순도의 실리콘은 기계적 특성을 제어하기 쉬우며 재현 가능성이 우수하고, 강철보다 기계적 강도가 높은 편이다. 그리고 실리콘의 전기적 특성은 응력, 온도, 자계 및 방사선 등에 민감하여 다양한 방식의 센서로서 제작이 가능하다. 또한 압저항 특성은 기계적 센서에서 가장 널리 사용되는 메카니즘이기도 하다.

실리콘은 센서의 모양을 형성하기 위해 이방성 식각액으로 결정면을 선택적으로 식각하여 정교하게 가공한다. 결정질 실리콘에서 선택적인 식각하는 기법은 3차원의 구조를 정교하게 제조할 수 있는 기술이다. 실리콘에 적용되는 이방성 식각은 액상의 화학반응을 기반으로 수행하지만, 이후 기상이나 플라즈마 식각기술이 개발되었다. 강알칼리 용액을 이용하는 실리콘 식각에 있어 식각속도는 <111> 방향에서 가장 느리고, <100>과 <110> 방향에서 가장 빠른 편이다. 식각에서 선택도(selectivity)는 원하는 방향과 원하지 않는 방향으로의 식각속도의 비율로 정의되는데, 선택도가 높을수록 완성된 형상은 더 잘 만들어진다. 그림 2-26은 실리콘 웨이퍼에서 대표적인 식각을 나타낸다.

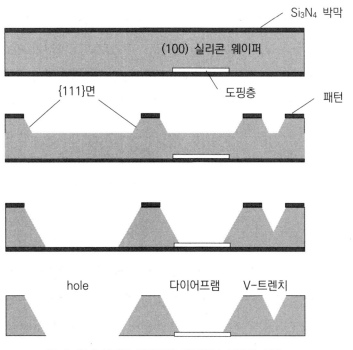

그림 2-26 ▮ 실리콘 기판에서 대표적인 이방성 식각

2-7 웨이퍼 본딩 공정

웨이퍼 본딩기술은 마이크로 센서를 밀봉하고, 복합 미세가공 센서를 구성하기 위한 단계에 이용한다. 양극 본딩(anodic bonding), 금속 본딩, 저온 유리 본딩 및 용융 본딩(fusion boding)이 가장 일반적인 웨이퍼 본딩기술이다. 1969년에 개발된 양극이나 정전기 본딩기술은 전도성 기판과 유리 기판을 결합하기 위해 사용하였다. 두 기판 사이에 본딩은 주변 온도보다 높아야 하며, 바이메탈 휨이나 원치않는 표류 응력에 의한 파손을 방지하도록 주의하여야 한다. 따라서 이상적으로는 유리와 기판의 열팽창계수가 일치하여야 한다. 유리는 기판에 스퍼터법으로 증착할 수 있기에 다양한 종류의 기판을 양극 본딩할 수 있다. 또한 실리콘 웨이퍼는 스퍼터된 유리를 중간층을 사용하여 양극 본딩할 수 있으며, 이러한 방식은 안정적이고, 강한 결합을 생성하며, 대부분의 표류 응력을 제거하게 된다.

양극 본딩에서 유리와 기판 사이에 접합면은 높은 전기장으로 인하여 소자에 손상을 가할 수 있다. 이러한 전기장이 소자의 성능에 좋은 영향을 준다면 열 본딩은 바람직할 것이다. 저온 유리 본딩 방식에서 본딩되는 접합면은 저온 유리 박막층에 형성되며, 웨이퍼에 압력을 가하면서 가열하여 결합한다. 일반적으로 저온 유리에 증착된 층은 우수한 결합을 형성하지 못한다. 따라서 만족할만한 결합을 만들기 위해서는 표면이 평평하여야 하며, 표면에 오염이나 거칠기에 매우 취약할 수 있다. 저온 유리 본딩은 일반적으로 정전기 본딩보다 약하게 결합한다. 특히 가스에 의한 기포(bubble)나 경계면에서 동공(void)이 발생하지 않도록 주의하여야 한다.

용융 본딩에서 웨이퍼는 중간 접착층 없이 고온에서 접촉할 경우에 열적으로 용해된다. 일반적으로 절연체에 실리콘을 제조하는 소자나 압력센서를 제작하기 위해 실리콘 용융 본딩이 많이 사용되며, 그림 2-27은 용융 본딩 장치의 개략도를 나타낸다. 그림에서 나타나듯이, 웨이퍼는 깨끗하게 세척하여 석영 지지대에 물리적으로 잘 접촉하도록 배치한다. 웨이퍼 기판이 평평하다면, 두 기판은 약한 반데르발쯔 힘으로 잘 결합하여 달라붙게 되고, 마지막으로 기판의 용융 본딩은 고온의 전기로에서 형성된다. 실리콘 웨이퍼 본딩의 경우, 자연 산화물층이 있더라도 경계면에서 우수한 품질의 본딩을 형성하게 된다. 또한 용융 본딩은 중간층에 바람직하지 않은 응력이 유발되는 응용 분야에서도 사용된다. 그러나 용융 본딩은 결합할 때에 높은 본딩 온도를 요구하기 때문에 소자에 영향을 줄 수 있고, 최종 본딩에서의 품질은 접합면에서 평탄도와 청결도에 매우 민감한 편이다. 특히 접합면에 존재하는 가스에 의한 기포는 부분적인 결합을 형성하게 되며, 이는 고온 열처리 공정을 통해 제거하게 된다. 이외에 웨이퍼 본딩기술로는 반응성 금속 본딩과 유기물 본딩 등이 있다.

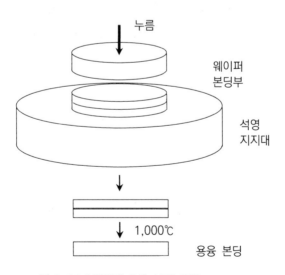

그림 2-27 ▌웨이퍼 용융 본딩 장치

2-8 표면 미세가공 공정

표면 미세가공 센서는 기본적으로 얇은 박막으로 제조하며, 후막과 박막 재료에 만들어지는 구조는 몇 가지 차이점과 장단점이 있다. 후막으로 가공한 센서는 대체로 큰 편이고, 결정면에 따라 패턴을 전파하는 방식에 의해 물리적인 크기가 결정된다. 실리콘에서 웨이퍼의 반대면 크기는 $\sqrt{2}\,t$ 만큼 커지며, 여기서 t 는 웨이퍼의 두께이다. 그림 2-28은 <111> 결정면으로 미세가공된 다이를 나타내며, 웨이퍼의 뒷면은 앞면보다 커진 형상을 보여준다. 두께가 $t = 500\,\mu m$ 인 100 mm 실리콘 웨이퍼의 경우, 표면에서의 미세가공으로 최소 800 μm 정도의 다이 크기가 필요하다. 이러한 다이의 확대는 실제 실리콘의 상태를 허비하게 되고, 웨이퍼당 소자의 수를 심각하게 제한하게 된다. 표면 미세가공 소자는 증대 효과가 없지만, 소자 밀도에 대한 수십 배의 개선을 얻게 된다.

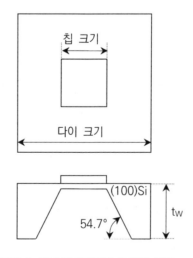

그림 2-28 ▌ 미세가공된 후막의 다이

  기계적 센서를 제작하기 위해 다양한 박막 소재를 이용할 수 있는데, 이산화 규소나 질화 규소와 같은 고품질의 절연체, 알루미늄과 같은 도체, 실리콘과 같은 반도체 등이 사용된다. 일반적으로 CVD 박막이 가장 낮은 표류 응력과 가장 좋은 재현성을 가지기 때문에 자연스럽게 많이 사용한다. 마이크로 센서에서 이용하는 또 다른 재료로는 금속, 압전재료 및 열전재료 등이 있다. 실리콘 박막은 절연체 위에 성장할 수 있으며, 박막의 구조는 증착과정의 조건에 의존하여 무작위로 배향된 결정질이나 다결정질에서부터 비정질까지 다양하다.

  다결정 실리콘은 MOS 트랜지스터를 제조하기 위한 반도체 산업에서 널리 사용한다. 전기적으로 다결정 실리콘은 센서 분야에서 후막 실리콘과 유사한 특성을 가진다. 다결정 실리콘의 압전계수가 높아 기판에서 분리된 응력 측정 요소에 아주 효과적이다. 유전체에서 분리된 폴리실리콘은 고온 감지 분야에서 사용된다. 폴리실리콘 박막은 다양한 방법으로 증착할 수 있는데, 일반적으로 증발이나 스퍼터링과 같은 물리적인 증착 방법은 기계적 특성이 좋지 않은 비정질의 박막을 형성하며, 이어지는 열처리 공정으로 다결정 박막을 제조할 수 있다. 또한 LPCVD와 같은 화학적인 방법으로 고온에서 다결정질의 실리콘을 제조하고, 저온에서 비정질 실리콘을 제조한다. 미세 구조를 결정하는 중요한 매개 변수는 질량 전송이나 핵성장 속도이며, 500~700℃의 온도에서 실란 열분해 반응을 이용한 LPCVD에 의해 다결정의 실리콘을 증착할 수 있다. 일반적인 성장 속도는 대략 3~15 nm/min. 정도이다.

  LPCVD 다결정 실리콘의 잔류 응력은 정밀하게 조절 가능하며, 폴리실리콘의 응력은 증착 압력과 온도의 함수로 측정된다. 650℃의 고온에서 증착된 다결정의 실리콘은 압축 응력이 작용한 상태로 미세가공 센서에 적합하지 않다. 605℃의 온도에서 성장한 폴리실리콘은 거의 응력이 작용하지 않으며, 비정질이지만 열처리에 의해 재결정한다.

2-9 표면 미세가공: 박막 식각

폴리실리콘 박막은 보통 후막 미세가공에서 사용한 마스킹 기술과 습식 식각액을 이용하거나 혹은 불소 기반의 화학공정에서 건식 플라즈마 식각을 통한 등방성으로 식각한다. 불소 기반의 식각제로 CF_4 혹은 SF_6 가스는 일반적으로 플라즈마에서 불소(F) 원자를 소스로 사용한다. 불소 원자는 너무 반응성이 좋아 이온 없이도 실리콘과 반응하여 식각이 등방성으로 발생한다. 간혹 산소가 10~20% 수준으로 첨가되면 샘플이 오염되고, 불소 원자를 고갈시켜 고분자 형성을 억제하기도 한다. SiO_2와 Si_3N_4 박막은 보통 식각용 마스크로 사용되며, 에칭 선택도는 15 이상이다. 식각 속도는 식각 온도, 압력, 가스 유량, RF 전력 및 전극 분리 등을 포함하는 매개 변수에 의존하며, 대표적으로 50~300 nm/min. 정도이다.

불소 기반의 식각방식에서 중요한 고려 사항은 부하 효과이며, 동일한 웨이퍼 상에 다른 지점이나 패턴이 다른 웨이퍼 사이에서 일관되지 않는 식각 속도를 나타낸다. 불소 원자는 식각하려는 재료의 노출 부위가 더 많은 지점에서 더 빨리 고갈된다. 평행판 전극으로 구성된 플라즈마 식각장비에서 웨이퍼의 중앙 부위는 테두리보다 5~25% 더 낮은 식각 속도를 나타내어 마치 황소 눈 패턴이 발생한다.

폴리실리콘에 이방성 식각이 필요한 응용 분야에서는 일반적으로 염소 기반의 플라즈마 식각방식을 사용한다. 염소(Cl) 원자는 불소 원자 정도의 반응성을 가지지 않으며, 최고의 식각 조건 하에서 실리콘의 반응은 이온 충격에 의해 시작된다. 그러므로 매우 우수한 이방성 식각이 일어난다. 또한 반응성 염소 원자의 농도는 염소 원자가 비반응성 분자를 형성하기 위해 재결합하는 비율에 의해 주로 결정되며, 반응으로 인하여 고갈되지는 않는다. 결과적으로 불소 기반의 식각방식과 비교하여 부하 효과는 덜한 편이다. 흔히 사용되는 마스킹 재료로는 SiO_2와 PR(photoresist)가 있으며, 더불어 니켈, 크롬 및 Ni-Cr 합금과 같은 내화성 금속을 포함한다. SiO_2 마스크 위에 PR이 있으면 식각된 구조의 측면에서 보호용 탄소 기반의 고분자의 형성을 개선하여 언더컷을 최소화한다.

실리콘 산화물(SiO_2)의 등방성 식각은 일반적으로 희석된 HF나 완충 HF(BHF; buffered HF)를 사용하여 습식 식각을 이용한다. BHF는 pH 농도를 조절하고 불소 음이온(F^-)의 고갈을 낮추기 위해 NH_4F를 첨가한 HF 수용액으로 구성한다. 그러므로 식각 균일도와 식각 속도에 대한 일관성 측면에서 HF보다 우수한 편이다. PR은 일반적으로 산화물 식각을 위한 마스크 소재로 흔히 사용하므로 PR과 산화물-PR의 접촉면이 식각액에 의해 손상되지 않는 것이 중요하다. 완충되지 않은 HF는 접촉면에서 접합을 저하하는 경향이 있어 극단적으로 PR이 벗겨지기도 한다. 반면에 빠르거나 전면적인 식각이 필요한 경우라면, 농축 HF를 이용하여 최대 50 μm/min. 의 식각 속도로 식각한다. 폴리실리콘과 마찬가지로 SiO_2의 식각 속도는 도핑 농도와 박막의 품질에 따라 달라진다.

SiO_2의 이방성 식각은 이온을 이용한 플라즈마 식각방식으로 얻을 수 있다. C_2F_6와 CHF_3의 1:1 비율로 이용하면, 생성되는 측벽은 거의 수직으로 식각된다. 실리콘에 대한 산화물의 식각 선택도는 매우 우수하지만, 질화물에 대한 선택도는 매우 낮은 편이다. 따라서 산화막 아래의 재료가 질화 규소인 경우라면, 실질적인 절차는 질화막이 노출되기 전에는 플라즈마 식각을 중지하고, HF나 BHF를 이용하여 습식 식각으로 전환하는 것이 바람직하다.

2-10 표면 미세가공: 희생층 식각

센서 소자에서 박막층의 일부가 구조적으로 공중에 떠 매달려 있을 수 있다. 그럼에도 불구하고 증착 공정은 증착된 박막이 성장하는 모든 고체 표면에 쌓이게 한다. 매달린 구조는 센서 구조 재료의 증착을 위한 공간이나 임시로 쌓인 표면 역할을 하는 고체 희생층의 구조 재료를 형성하여 만들어진다. 그림 2-29에서 보여주듯이 구조적으로 증착이 모두 채워진 후에 희생층이 완전히 제거되어 만들어진다. 이와 같은 희생층 식각기술을 이용하여 정전형의 마이크로 모터를 제조할 수 있다. 그리고 표면 미세가공 기술을 이용하여 압력 센서나 가속도 센서를 제조하게 된다. 희생층 식각의 습식법은 액체 용액 중에서 일어나며, 반면에 건식법은 반응성 가스를 이용하여 희생층을 제거한다. 희생층 재료는 엄격한 요구 사항을 요구하는데, 박막의 두께는 허용 가능한 오차 범위 내에서 성장하여야 한다. 불균일한 증착은 바람직하지 않은 곡률이나 거칠기를 가진 부유 구조를 만들게 된다.

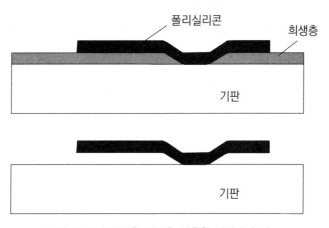

그림 2-29 ▌ 희생층 식각을 이용한 캔탈레버 빔

매개 변수는 공극 갭이 작을 경우($\leq 0.5\,\mu m$)에는 더욱 중요하며, 식각법을 통해 희생층은 모두 사라진다. 희생층 식각의 선택도와 식각 속도는 잔류하는 구조가 손상되지 않도록 매우 높아야 할 것이다. 희생층 식각 과정에서 수백 ㎛ 길이의 좁은 채널을 식각하는 것은 드문 일이 아니며, 이로 인해 식각 시간은 길어진다. 이러한 요구 사항을 만족하는 식각 방식이나 재료는 거의 없으며, 실리콘 센서에서 적정한 재료로는 복잡한 표면 지형 위에 정형적으로 증착할 수 있는 저온 산화물(LTO)나 PSG가 있다. LTO나 PSG는 구조적으로 폴리실리콘에 영향을 미치지 않으며, 49%로 농축된 HF를 이용하여 쉽게 제거할 수 있다. LTO/폴리실리콘에 대한 선택도는 매우 낮은 편($S \simeq 10^2$)이다.

폴리이미드나 PR과 같은 유기물 박막은 산소 플라즈마에 의해 쉽게 제거되기 때문에 희생층 재료로 사용된다. 이러한 박막은 연이어 증착되는 재료의 증착 온도를 제한함으로 구조적 재료의 선택을 엄격하게 제한한다. 희생층은 일반적으로 중요하지 않은 센서 영역의 표면에 구멍이나 채널을 열어 제거하기도 하며, 그림 2-30은 그 예를 나타낸다.

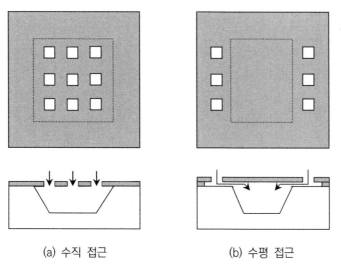

(a) 수직 접근   (b) 수평 접근

그림 2-30 ▍수직 및 수평 접근의 희생층 식각

CHAPTER

압력센서

3-1 압력센서의 개요

인간의 오감 중에 직접 접촉하여 촉각으로 인지하기 가장 쉬운 물리량은 불과 힘이다. 즉, 어린 시절에 아이들은 무심코 불에 손을 뻗었다가 뜨거우면 반사적으로 웅크리는 경험을 하게 되는데, 이와 같이 불과 힘의 변화에 대해 인간은 매우 민감하게 반응한다. 이와 같은 물리량은 자연과학에 있어서 중요한 기본량이다. 이미 아는 바와 같이 열역학에서 불과 물 사이에 관계를 설명하고 있고, 화학에 있어서 반응속도를 전개할 때 두 양은 매우 중요한 요인이기도 하며, 물리학에서도 중요한 기본 물리량이다.

역학이란 물체 간에 작용하는 힘인 운동의 관계를 기술하는 학문이다. 역학에서 평형을 다루는 정역학보다는 운동을 다루는 동역학이 더 일반적이다. 그리고 센서기술 분야에서 역학의 범위는 비교적 막연하다고 볼 수 있지만, 화학, 전자기, 광학, 방사선 및 생물학 등에서 살펴볼 수 없는 물리적 및 기계적인 분야를 의미하는 경우가 많다. 그러나 일반적으로 역학 센서는 기하학량, 운동학량과 역학량으로 나누어 정의할 수 있다. 먼저, 기하학량은 측정량의 측면에서 변위, 길이, 거리, 위치, 치수, 두께나 깊이 등의 1차원적인 양과 각도나 각변위까지 취한다. 따라서 측정하는 목적에 따라 여러 가지 센서로 나누어 적용할 수 있다. 운동학량은 속도, 가속도, 각속도 및 각가속도를 총칭하여 다루게 되며, 또한 속도의 변형량으로 유속인 유량 등을 포함하는데, 주로 1차원적인 기하학량에 시간의 개념이 도입되거나 기하학량과는 약간 다른 원리를 적용하여 다루게 된다. 역학량은 질량, 토크, 힘, 응력이나 압력 등을 취급하며, 역학에 대한 물리법칙을 응용하여 센서로 적용한다.

힘의 개념은 뉴턴(Newton)의 운동 제1법칙으로 관성의 법칙에 의해 기술된다. 즉, 모든 물체는 힘에 의해 상태를 바꾸도록 강요하지 않는 한 정지 상태에 머무르든지 혹은 직선상의 등속운동을 지속한다는 것이고, 이러한 법칙은 관성이라는 물체의 성질을 내포하게 되며, 물체의 관성이란 자신의 운동 상태에 대한 변화를 거부하려는 경향을 갖는다. 따라서 힘은 물체의 운동 상태를 변화시키는 원인이 된다. 물체의 운동은 보통 물체의 속도와 이동방향으로 나타낸다. 힘의 단위는 뉴턴의 제2법칙으로 유도되는데, 속도의 시간변화율로 나타나는 가속도와 질량의 곱으로 계산된다. 힘의 측정은 대부분의 공학에서 기본적으로 요구되고 있으며, 또한 고체를 다루거나 압력 혹은 유체를 다루면서도 힘을 측정하게 된다. 역학센서는 크게 정량적 및 정성적인 두 부류로 나눌 수 있다. 정량적인 센서는 실제로 힘을 측정하고, 이를 전기적인 신호로 나타낸다. 예를 들면, 압력센서, 변위센서, 속도센서나 스트레인 게이지 등이다. 정성적인 센서는 정확하게 힘의 값을 측정하는 것이 아니라 충분한 힘이 가해졌는지 혹은 아닌지를 검출하는 것으로 출력신호는 힘의 크기가 기준치를 넘을 경우에 나타난다.

실리콘은 이미 잘 알고 있는 전자적 특성과 우수한 기계적 특성을 지니기 때문에 기계 센서에 적용되고 있다. 실리콘의 다른 장점으로는 치수와 질량을 크게 줄이고, 일괄 제작이 가능하며, 전자회로와 마니크로프로세서와 인터페이싱하거나 통합하기 쉽다는 점이다. 실리콘의 기계적 특성과 센서로서의 사용은 압저항을 발견하면서 시작된 압저항 압력센서이며, 이후 다양한 센서로 응용되어 왔다. 실리콘의 강도는 강철보다 강하지만, 고분자와 같이 변형되기는 어렵다. 이제 반도체 기계센서에 대해 공부하도록 하자.

3-2 압력센서의 동작

    일반적으로 압력센서는 힘을 직접 전기적인 신호로 변환하기 어렵기 때문에 힘이 가해져 발생하는 물체의 변형 정도를 이용하여 힘의 크기를 측정하게 된다. 따라서 힘을 측정하기 위해서는 단위면적당 물체에 가해지는 압력이나 회전력의 미세한 크기의 변화량을 정밀하게 감지하는 센서를 적용하게 된다.

    압력이란 개념은 갈릴레오의 제자였던 토리첼리에 의해 기초되었는데, 1643년 실험 중 수은이 담긴 접시에 지구의 압력이 작용하고 있음을 감지하였다. 또한, 1647년 파스칼은 산꼭대기와 산골짜기에서 수은주에 작용하는 압력이 중력에 영향을 받는다는 것을 관측하였다. 정지된 유체에 대한 압력은 경계 표면의 단위면적에 수직으로 작용되는 힘으로 정의되고, 이를 식으로 표현하면 다음과 같다.

$$p = \frac{dF}{dA} \tag{3-1}$$

여기서, A는 단면적이다. 압력의 SI 단위는 파스칼(pascal)이고, 1 Pa=1 N/m^{2}이다. 즉, 1 파스칼은 1 제곱미터의 단면적에 고르게 작용하는 1 N의 힘과 같고, 다음의 관계는 1 Pa를 다른 단위로 변환한 것이다.

$$1\,Pa = 7.5 \times 10^{-4}\,cm \cdot Hg = 9.869 \times 10^{-6}\,atm$$
$$1\,atm = 760\,torr = 101325\,Pa = 14.696\,psi$$

    신호검출방식에 따라 압력센서를 분류하면 변위변환형, 물리변화형, 힘평형형, 진동형 및 자이로형으로 나눌 수 있다. 변위변환형은 부하의 하중에 따라 탄성체의 변형을 감지하는 방식이며, 이를 세분화하면 정전용량식, 변형 게이지식, 인덕턴스식, 자기식 등의 종류로 구분한다. 물리변화형은 압전효과에 의한 물성적인 변화를 이용한 것으로 변위변환형보다 작은 변위를 갖지만 출력이 크다는 특성이 있다. 힘평형형은 검출부에 발생하는 변위를 상쇄하는 방향으로 힘을 발생시켜 변위가 "0"이 되도록 평형을 유지하는 방식이다. 그리고 진동형은 진동자의 고유 진동수가 힘에 의해 변하는 성질을 이용한 것으로 진동자의 모양에 따라 진동식과 음차식으로 분류한다. 마지막으로 자이로형은 자이로의 세차운동을 응용한 것으로 일정한 속도로 회전운동하는 회전자의 벡터에 수직방향으로 힘을 가하면, 회전벡터의 수직방향으로 새로운 회전력이 발생하는데, 이때 회전 각속도를 측정하여 힘의 크기를 감지하는 방식이다.

　기본적인 압력센서의 동작원리는 감지부에 작용하는 압력을 전기 신호로 변환하는 것이다. 그림 3-1은 압력센서의 기본 구성을 나타내며, 3가지 요소로 이루어져 있다. 감지요소는 압력을 감지하는 요소로서 압력이 가해지면 변위가 발생하여 검출하는 기계적인 요소이며, 압력을 기계적인 변위로 변환하는 소자이다. 변환요소는 기계적인 변위를 전기적인 신호로 변환하는 요소이다. 그리고 신호제어는 전기적인 신호를 증폭하거나 필터링하여 조정하는 요소로서 센서의 형태나 응용분야에 따라 달라진다. 최근에 많이 사용되는 압력센서로는 냉풍기와 같은 가정용 제품에 냉매의 과압방지나 압력제어에 적용되는 기계적인 센서가 있고, 이외의 다양한 센서를 기술하고자 한다.

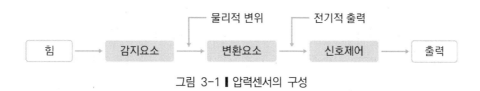

그림 3-1 ▌ 압력센서의 구성

3-3 반도체 압력센서의 제작

반도체 압력센서를 제조하는 대부분의 공정은 포토리소그래피, 산화, 확산, 박막증착, 금속 및 식각 등을 포함하는 집적회로 기술에서 시작하였고, 추가적인 다른 공정은 센서의 특정한 요구사항을 만족하기 위해 개발되었다. 미세기계 부품을 제조하기 위한 3차원 가공은 확실히 이러한 공정 중에 일부를 사용한 것이다. 대체로 반도체 압력센서의 제작 목적은 이러한 특수 공정을 일반적인 집적회로 기술과 호환되도록 유지하는 것이다. 비록 반도체 압력센서에서 사용하는 재료 자체는 일반적으로 마이크로 전자소자의 소재와 동일하고, 사용되는 공정도 동일한 방식으로 제조되지만, 사실 완전히 다른 기능을 가진다. 즉, 실리콘 산화물은 하부 구조를 식각하기 위한 마스크 소재로 이용될 수 있고, 표면 미세가공을 위한 희생층으로 적용될 수 있다. 그리고 실리콘 질화물 역시 우수한 마스크 소재이기도 하지만, 기계적 완충 역할을 하기도 한다. 따라서 기계적 센서의 미세가공 공정에서는 재료와 박막의 기계적 특성에 특별한 주의를 기울여야 하며, 간혹 응력을 줄이기 위해 제조 변수를 최적화하여야 한다. 사실 소자에 가해지는 응력을 줄이는 것은 소자의 안정성과 신뢰성에 매우 중요하지만, 기계적 센서는 소자의 기능과 동작에 직접적으로 영향을 줄 것이다.

본질적으로 기계적 센서에 포함되는 멤브레인(membrane), 캔탈레버(cantilever) 및 다른 구조물을 제조하기 위해 여러 가지 방법들이 개발되었다. <표 3-1>에서는 후막 실리콘의 미세가공에서 가능한 공정을 분류하여 나타낸다. 실리콘에 기계적으로 드릴을 사용하는 것은 웨이퍼 상에서 처리할 수 있지만, 한 번에 하나의 구멍을 만들며, 대량 생산에는 적합하지 않다. 불꽃 침식(spark erosion)의 경우, 스파크 장비의 금속 전극은 한 번에

표 3-1 ▌ 후막 실리콘의 미세가공 분류

공정 방법	방식	기타
기계적 방법	드릴	–
전자기계적 방법	불꽃 침식	–
습식 방법	등방성 이방성	$HF-HNO_3-CH_3COOH$ KOH(및 기타 수산화물) EDP, 하이드라진
전기화학적 방법	등방성	HF
건식 식각 방법	기계적 방식 반응성	아르곤 플라즈마 RIE

여러 개의 구멍을 만들 수 있지만, 만들어진 구조의 표면이 비교적 거친 편이다. 이러한 방법은 등방성 식각을 이용하여 표면을 부드럽게 처리할 수 있다.

화학적인 습식 식각 중에서 등방성 식각액이 먼저 개발되었다. 대표적인 등방성 식각 용액으로는 희석제로 H_2O나 CH_3COOH를 사용한 HF/HNO_3 시스템이다. 전기화학적 식각 방법은 HF/H_2O 용액이며, 실리콘은 양극으로 산화되고 산화물은 희석된 HF 용액에 의해 계속 식각된다.

실리콘의 이방성 식각은 매우 정밀한 치수 조정을 이용하여 훨씬 다양한 구조를 제작할 수 있다. 이방성 식각은 실리콘의 결정방향에 따라 다른 식각 속도를 가진다. 일부 결정면의 경우에는 다른 결정면보다 Si-Si 결합을 더 쉽게 끊을 수도 있다. 이러한 차이는 결정면의 원자 밀도와 식각 용액 중에 노출되거나 실리콘 원자 뒤에 숨겨진 결합의 수에 의해 결정된다. 일반적으로 많이 사용되는 이방성 식각액으로는 수산화칼륨(KOH), 에틸렌디아민/파이로카테콜(EDP; ethylene diamine /pyrocatechol)와 하이드라진(hydrazine) 등이 있다.

3-4 압력센서의 판독 기술

대부분의 반도체 압력센서는 기계적인 신호를 표시하거나 전자방식으로 처리할 수 있도록 전기적인 신호로 변환하기 위해 물리적인 원리에 의존한다. 따라서 기계적 압력센서가 입력되는 신호를 감지하여 판독하는 기술은 <표 3-2>에서 정리하여 나타낸다.

표에서 정적인 방식의 분류에서 첫 번째 요소는 미세 구조의 변형에 의해 나타나는 정상 응력으로 매우 민감하다는 것이다. 그리고 센서의 두 번째 유형은 피에조 홀(piezo-Hall) 센서라고 부르는 것으로 센서 소자에 전단 응력이 가해지면 전류 흐름에 수직으로 전계가 발생하는 현상을 기반으로 제조된다. 이때, 최대전압은 (100) 실리콘 기판의 <110> 방향에 대해 45° 각도에서 발생한다. 저항의 온도계수를 제거하기 위해 휘스톤 브리지 회로가 필요하지는 않지만, 한 요소만 필요하다면 보다 작은 센서를 만드는 것이 바람직하다. 그러나 압력 감도의 온도계수는 정상 압저항 센서와 동일하며, 압전 접합 효과는 전류 이득과 베이스-이미터 전압이 응력에 의존하게 된다는 것이다.

표 3-2 ▌ 압력센서의 판독 방식

판독 방식	감지 방식	장치 및 효과
정적 방식 (static method)	응력 검출	압저항 변형 게이지(정상 응력) 횡전압 게이지(전단 응력)
	변형 검출	압전접합 효과 정전용량 광학 간섭계
공명 방식 (resonant method)	공명 검출	압저항 변형 게이지 광학적 효과

두 번째 정적 판독 방법은 변형이나 변위를 감지하는 것이다. 미세 구조는 커패시터의 한 전극과 고정된 다른 전극으로 사용될 수 있다. 일반적으로 두 번째 전극은 유리나 실리콘 기판에 증착된 금속 박막으로 미세 구조의 가장자리에 배치한다. 다른 소자로는 하나의 폴리실리콘 미세 구조가 인접하게 놓여진 또 다른 고정된 폴리실리콘 미세 구조로 이동할 수 있다. 대체로 전체 미세 구조의 표면은 출력 신호에 영향을 준다. 용량성 센서의 해상도와 온도 동작은 압저항 센서보다 우수한 편이지만, 전압보다 용량을 측정하는 것이 더 복잡하며, 칩 내에 회로에서 부유 커패시턴스(stray capacitance)를 피하는 것이 더 바람직하다. 압저항 센서의 경우, 칩 내에 소자는 고온에서 사용하기 어렵다.

최근에 개발된 광학 간섭계 판독 방식은 고온의 응용 분야에서 매우 획기적인 기술이다. 간섭은 반투명 광학 면과 실리콘 박막의 미세 구조 사이에서 발생한다. 광 검출기는 가장자리에서 측정되며, 레이저 빔은 시스템에 직접 가해지거나 광섬유를 통해 적용된다. 레이저와 판독 장치는 실온에서 사용되며, 단지 광섬유의 끝단만 센서에 가깝기 때문에 200℃ 이상의 고온에서 사용할 수 있다.

마지막으로 공진 구조로 설계된 판독 방식의 센서이다. 압력 센서의 경우, 실리콘 멤브레인의 공진 주파수는 인가되는 압력에 의존한다. 멤브레인은 산화 아연과 같은 압전 재료를 증착하여 열적 혹은 전기적으로 여기될 수 있다. 일반적인 판독값은 압저항이나 광학적인 방식으로 얻어진다. 주파수 신호는 데이터를 얻는 방식에서 흥미로우며, 멤브레인은 간혹 높은 감쇠 특성을 갖지만, 더 높은 Q-인자나 더 우수한 해상도를 가진 기계적 구조를 가진다.

이와 같이 기술한 판독 시스템은 측정 범위, 해상도, 안정성, 대량 생산, 가격 및 환경 등과 같은 매개 변수에 따라 다양한 제조 기술과 응용 분야를 가진다.

3-5 압저항 특성

압저항 특성(piezoresistivity)은 재료에 가해지는 기계적 응력에 의해 체적 저항에 영향을 받는 재료 특성이다. 압저항 효과를 이용하여 반도체 압력 센서의 개발이 시작된 것은 1945년에 실리콘과 게르마늄의 압저항 효과 (piezoresistive effect)를 발견한 C. S. Smith에 의해서 비롯되었다. 반도체 압력센서의 기술개발에 있어 가장 중요한 과제는 센서소자의 동작 온도범위를 확장하는 것이었으며, 고온 압저항 압력센서에서 온도범위의 제한은 절연 내력, 열에 의한 접촉의 불안정성, 재료 유연성의 변형, 진성 캐리어 농도의 급격한 증가, 구성 계층의 전기적인 불안정성 및 높은 출력신호의 잡음 등이다. 따라서 고온에서 정확하게 동작하는 압저항 압력센서를 제작하기 위해서는 신소재, 새로운 공정기술 및 패키지 기술 등의 개발이나 개선이 필요하다.

압력센서를 제작하기 위해서는 본질적으로 두 가지 요소가 요구되는데, 하나는 외부의 힘을 감지하는 검출부이고, 다른 하나는 면적을 가진 평판 의 막이다. 두 요소는 실리콘에 함께 제조될 수 있고, 이러한 실리콘-다이 어프램 압력센서는 탄성체로서 박막의 실리콘 다이어프램으로 구성된다. 실리콘의 압저항 효과는 p형과 n형 반도체에 따라 압저항 소자의 전도성 이나 결정면에 의해 다르며, 결정방위에 의존하게 된다. 압저항 게이지 저 항기는 다이어프램에 불순물을 용해하여 만들어진다. 실리콘의 게이지 성 질은 박막의 금속보다 몇 배 더 강하다. 보통 스트레인 게이지 저항을 휘 스톤 브리지와 유사하게 나열하여 제조하고, 이 같은 회로의 출력은 수 백 mV 정도이며, 브리지의 구동방법은 정전압법과 정전류법으로 분류한다. 압저항계수는 부의 온도특성을 갖기 때문에 정전압으로 브리지를 구동하 면 압력에 대한 감도가 부의 온도계수를 갖는다. 특히 정전압법은 반도체 압력센서의 신호를 증폭하는 증폭기의 증폭률이 정의 온도계수를 가지게 되며, 이와 같이 실리콘 저항기는 온도에 매우 민감하기 때문에 감도에 대한 온도 보상회로가 필수적으로 부가된다. 그리고 정전류법의 경우에는 압저항소자의 저항값에 정의 온도의존성이 있기 때문에 압저항 효과에 부의 온도 특성과 정합하도록 감도의 온도보상을 고려하여야 한다.

압저항 효과가 발견된 이후, 압저항 효과의 고체 상태 특성과 응용 분야에 대한 광번위한 연구가 이루어졌다. 1961년 Pfann과 Thurston은 응력, 변형 및 압력에 대한 압저항 센서를 제작하기 위해 확산 기술이 이용하였고, Tufte 등은 단결정 실리콘 박막 멤브레인을 처음으로 제작하였다. 실리콘 압저항 센서의 실용적인 이점은 다음과 같다.

- 반도체의 게이지 인자는 금속보다 10배 이상 높다.
- 실리콘은 매우 견고한 재료이다.
- 게이지와 멤브레인으로 구성된 요소는 서로 접합할 필요가 없으므로 히스테리시스(이력 특성)가 제거된다.
- 변형률은 멤브레인에서 게이지로 완전하게 전달된다.
- 저항은 응력이 최대인 굽힘이나 비틀림의 요소 표면으로 제한된다.
- 저항의 양호한 정합을 구성할 수 있으며, 휘스톤 브릿지 회로를 이용하면 더욱 유용하다.
- 센서의 소형화에 적합하다.
- 집적회로를 이용하여 대량 생산이 가능하다.
- 신호 증폭이나 온도 보상을 위해 센서 칩 내에 보상 회로를 직접 일체화할 수 있다.

이와 같은 특성을 바탕으로 최초의 반도체 스트레인 게이지는 다른 재료의 멤브레인에 균일하게 도핑된 실리콘 스트립을 사용하였다.

3-6 압저항 센서

초기 저항이 R인 압저항기에 외력이 가해지면 압저항 효과에 의해 ΔR 의 저항변화를 초래할 것이다.

$$\frac{\Delta R}{R} = \pi_l\,\sigma_l + \pi_t\,\sigma_t \tag{3-2}$$

여기서, π_l 와 π_t 는 횡방향과 종방향의 압저항계수이다. 또한, 횡방향과 종 방향에 대한 외력은 σ_l 과 σ_t 로 나타낸다. 압저항계수는 저항으로 사용한 실리콘의 단결정 방향에 밀접하게 의존한다.

그림에서 나타나듯이, <110>방향으로 p형 불순물을 주입하여 저항기를 배열하고 n형 실리콘에서 (100)결정면으로 정사각형의 다이어프램을 정렬 하면 압저항계수는 다음과 같이 표현된다.

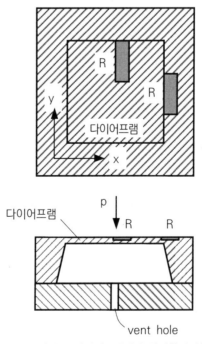

그림 3-2 ▌ 실리콘 다이어프램에서 압저항의 위치

$$\pi_l = -\pi_t = \frac{1}{2}\pi_{44} \tag{3-3}$$

저항율의 변화는 주어지는 외력에 비례한다. 위 식에서 나타난 바와 같이 다이어프램 내에 포함되는 저항은 종방향과 회방향의 계수가 반대 극성을 가지고 있기 때문에 저항기는 반대 방향으로 변하게 된다.

$$\frac{\Delta R_1}{R_1} = -\frac{\Delta R_2}{R_2} = \frac{1}{2}\pi_{44}(\sigma_{1y} - \sigma_{1x}) \tag{3-4}$$

브리지 회로의 반쪽만을 고려하여 R_1 과 R_2 가 연결되었다고 가정하고, 브리지에 E가 가해지면 출력전압 V_{out}은

$$V_{out} = \frac{1}{4}E\pi_{44}(\sigma_{1y} - \sigma_{1x}) \tag{3-5}$$

이다. 결과적으로 압력 감응도 a_p 와 회로의 온도 감응도 b_T 는 부분 도함수로 나타난다.

$$a_p = \frac{1}{E}\frac{dV_{out}}{dp} = \frac{\pi_{44}}{4}\frac{d(\sigma_{1y} - \sigma_{1x})}{dp} \tag{3-6}$$

$$b_t = \frac{1}{a_p}\frac{da_p}{dT} = \frac{1}{\pi_{44}}\frac{d\pi_{44}}{dT} \tag{3-7}$$

여기서, $d\pi_{44}/dT$ 는 음의 값을 가지기 때문에 감응도의 온도계수는 음이고, 감응도는 높은 온도에서 감소하게 된다. 실리콘 압저항 센서를 제조하기 위해 다양한 방법이 제시되었는데, 한 가지 방법으로 압저항기는 (100) 결정면을 가진 n형 실리콘에 붕소(B) 이온을 주입하여 만든다. <110>방향의 다이어프램에 대해 R_1 은 횡방향으로 하고, R_2 는 종방향으로 구성한다. 온도 보상을 위해 사용된 저항과 pn 다이오드 같은 주변의 구성 소자는 압저항기과 동시에 제조하게 된다.

3-7 반도체 정전용량 센서

　반도체 정전용량 센서는 측정량의 변화를 정전용량의 변화로 변환한다. 정전용량식 센서는 운동, 화학적 반응 및 전계 등을 직접적으로 감지할 수 있으며, 또한 간접적인 방법으로 압력, 가속도, 유량 및 유체의 구성 등을 운동이나 유전상수로 변환하여 감지할 수 있다. 기본적으로 용량성 감지 전극과 그 사이에 유전체를 가진 구조로서 정전용량을 전압, 주파수 혹은 펄스폭 등으로 변환하는 검출회로를 포함하기도 한다. 최초의 정전용량식 센서는 1907년 "Nature"지에 소개되면서 알려지기 시작하였지만, 현재는 대부분의 센서에 폭넓게 응용되고 있는 실정이다. 이는 기술적으로 안정도가 우수하고, 저렴하며 매우 쉬운 회로 구조를 가졌기 때문이며, 또한 대부분의 센서에서 요구하는 오프셋이나 이득 조정 등이 필요하지 않는다는 장점이 있다. 정전용량식이 압력센서로 동작하기 위해서는 기본적으로 다이어프램의 구조를 이용하여 압력을 측정할 수 있다.

　정전용량식 센서에 내재되는 실리콘 다이어프램은 압력을 전기 출력으로 변환하기 위해 이용된다. 이때, 다이어프램의 변위는 기준판에 대한 정전용량을 조정하게 되고, 이와 같은 변환은 비교적 낮은 압력의 센서에 특히 효과적이다. 정전용량식은 평행판의 구조를 가진 콘덴서의 원리를 이용한 것으로 변위변환형 중에서 가장 정밀도가 높으며, 분해능이 우수하

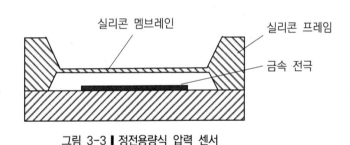

그림 3-3 ▌ 정전용량식 압력 센서

다는 특징이 있다. 그림 3-3은 다이어프램을 이용한 간략화된 정전용량식 압력센서를 보여주고 있는데, 평행 전극 사이의 거리를 d [m], 전극면적을 A [m^2]이라 하면, 정전용량 C [F]는 다음 식으로 나타난다.

$$C = \epsilon_o \epsilon_r \frac{A}{d} \ [F] \qquad\qquad (3\text{-}8)$$

여기서, ϵ_o 는 진공 중에서 유전률, ϵ_r 는 전극 사이에 있는 물질의 비유전률이다. 외부에서 가해지는 압력이나 변위 등에 의해 전극 사이에 거리 혹은 전극 면적을 변하게 하면 정전용량값의 변화를 발생시킨다.

일반적으로 정전용량의 감도는 거리의 제곱에 반비례하는 특성을 가지는데, 감도는 미소 변위에 대한 용량변화의 비율로 나타나며 다음과 같이 나타난다.

$$S = \frac{\Delta C}{\Delta d} = -\frac{\epsilon_o \epsilon_r}{d^2} A \qquad\qquad (3\text{-}9)$$

상기 식에서 감도는 평행판의 면적에 비례하고, 거리의 제곱에 반비례한다. 그러나 평행판 사이에 거리가 너무 가까워지면 극판 사이에서 절연파괴가 일어날 수 있기 때문에 주의하여야 한다.

압력 센서의 다이어프램과 전기 출력부를 모두 실리콘 기판에 일체화하도록 제작할 수 있고, 이렇게 함으로서 동작의 안정도를 최대화할 수 있다. 측정하고자 하는 압력이 센서의 다이어프램에 가해지면, 변형이 일어나고 결국 압력은 정전용량이 변하여 전기적으로 검출하게 된다. 정전용량식 센서의 경우에 다이어프램의 선형적인 성능을 유지하기 위해 균일한 막을 만드는 것은 매우 중요하다. 이러한 센서는 보편적으로 막의 두께를 충분히 줄임으로서 변위를 선형화하여야 한다.

3-8 반도체 광전형 압력 센서

비교적 두꺼운 막을 가진 다이어프램에 의해 낮은 압력을 측정하거나 다양한 용도로 사용할 경우에는 다이어프램의 변위가 너무 작기 때문에 정확도를 확신할 수 없다. 또한, 압저항 센서나 정전용량 압력 센서는 온도의 변화에 민감하기 때문에 필요하다면 온도보상을 고려하여 보상회로가 추가되어 실리콘 웨이퍼 기판에 일체화하여야 한다. 그러나 광을 이용한 검출방식은 이러한 단점을 극복할 수 있고, 정확도를 더욱 높일 수 있다. 즉, 빛의 간섭현상을 이용한 광전센서로서 간단한 동작원리와 구조를 그림 3-4에서 개략도를 나타내고 있다. 압력 센서의 기본적인 구성은 빛을 방출하는 LED, 실리콘 다이어프램 및 검출 칩 등으로 이루어져 있다.

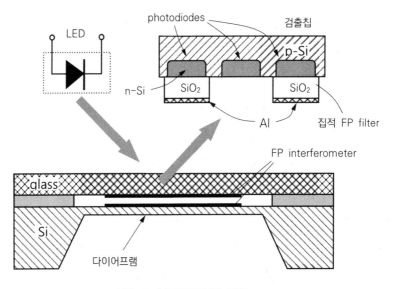

그림 3-4 ▍ 광전센서의 구조

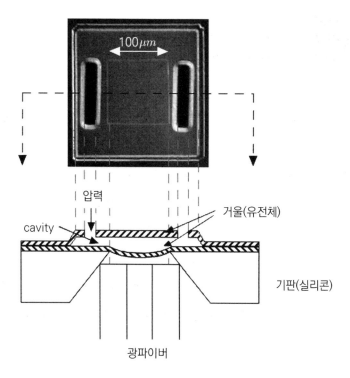

그림 3-5 ▌광학적 압력 센서

다이어프램 부분은 앞서 기술한 정전용량 압력 센서와 유사하지만, 그림 3-5와 같이 두 전극의 정전용량은 다이어프램의 편향을 측정하는 Fabry-Perot(FP) 간섭기에 의해 대치된다.

실리콘 칩 위에 단결정 다이어프램은 후면에 금속 박막층과 유리로 덮여 있고, 여기서 유리는 실리콘 칩으로부터 일정 거리 w로 격리된다. 두 금속층은 압력에 민감한 거울을 내재한 FP 간섭기로 형성된다. 그림 3-4에서 LED는 적외선 광원을 주로 사용하고, 검출부는 pn접합 광 다이오드를 포함하며, SiO_2 층으로 코팅된 두 개의 필터는 다소 약간의 차이가 있는 두께로 구성된다. 센서의 동작원리는 FP 간섭기의 폭에 의존하여 빛의 반사되거나 투과되는 변화를 조정하여 생긴 파장을 기초로 측정하게 된다.

3-9 스트레인 게이지 센서

스트레인 게이지(strain gauge)는 물체에 인가된 응력에 의해 변형이 일어나는 효과를 이용한 것으로 응력은 물체의 저항과 관계한다. 스트레인 게이지는 1856년 L. Kelvin이 발표한 "금속에 외력을 인가하면 변형이 발생한다."는 원리를 이용한 것으로 압력 측정에 이용하는 변환기는 접착형과 비접착형으로 구분하지만, 이들의 원리는 동일하다. 즉, 도선에 외력이 가해지면 길이는 탄성적으로 늘어나지만, 단면적은 줄어들어 전기저항이 변하는 원리를 이용한 것이다. 이러한 관계는 이미 기술한 바와 같이 압저항 효과라 부른다. 도체의 게이지 상수를 S_e 라고 하고, 변형량을 e 라고 하면 다음 식으로 표현할 수 있다.

$$\frac{dR}{R} = S_e\, e \tag{3-10}$$

여기서, 대부분의 재료에 대해 $S_e \cong 2$이고, 백금의 경우에는 $S_e \cong 6$이다. 저항의 작은 변동에 대해 보통 2 %를 초과하지 않으며, 금속 도선은 다음과 같이 표현된다.

$$R = R_o(1+x) \tag{3-11}$$

여기서, R_0 는 응력을 가하지 않은 경우에 저항값이고, $x = S_e\, e$ 이다. 반도체의 경우에 응력과 저항과의 관계는 불순물의 농도에 의존하게 된다. 저항은 압축력에 의해 감소하고, 장력에는 증가한다. 그림 3-6은 금속 도선의 스트레인 게이지 구조를 보여준다. 금속 도선은 게이지 센서에서 전기적으로 격리되고, 기판과 도선의 열팽창계수는 가능한 동일하여야 한다. 스트레인 게이지의 감도는 기계적인 응력에 대한 전기저항의 변화를

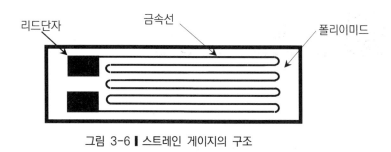

리드단자   금속선   폴리이미드

그림 3-6 ▌ 스트레인 게이지의 구조

의미하는 게이지율(GF; gauge factor)로 나타내며, 다음과 같은 식으로 표현한다.

$$GF = \frac{\Delta R / R}{\Delta L / L}$$

(3-12)

여기서, R은 게이지 저항값, ΔR은 게이지 저항의 변화율, L은 게이지의 길이, 그리고 ΔL은 게이지 길이의 변화율을 나타낸다.

금속 스트레인 게이지의 특징으로는 게이지율이 크며, 온도에 대한 영향이 적고, 원격 측정이 가능하며, 신뢰성이 우수하고, 소형으로 주파수 응답특성이 매우 우수하다는 장점을 가진다. 단점으로는 습기로 인하여 오차가 발생하며, 변환신호가 작기 때문에 증폭회로가 필요하다는 점이다. 그림에서 기술한 바와 같은 다축의 저항선 게이지 이외에 경·박·단·소의 특징을 가진 반도체형 스트레인 게이지가 있는데, 실리콘이나 게르마늄 단결정을 절단하여 반도체가 가진 압저항 효과를 이용하는 후막형 게이지와 진공장비로 증착한 박막형 게이지로 나눈다. 반도체형의 경우에는 온도에 대한 감도가 금속형 보다 훨씬 크기 때문에 보상회로가 필요하며, 따라서 사용온도 범위가 좁은 편이다. 그러나 스트레인 게이지를 바로 다이어프램에 제작하므로 접착이 필요 없고 소형으로 대량 생산이 가능하여 가격이 싼 편이다. 또한, 이력특성(hysteresis)이 거의 없고, 온도 보상회로나 제어회로를 다이어프램에 형성할 수 있으며, 소자의 규격화가 매우 용이하다는 장점을 가진다.

3-10 반도체 가속도 센서

가속도와 진동의 동적인 기계적인 현상을 감지하기 위한 가속도센서 (acceleration sensor)는 물체의 운동을 순간적으로 검출하는 것으로 자동차와 항공기 등의 다양한 수송수단에서 뿐만 아니라, 운동을 시작하거나 정지할 경우에 속도변화나 순간 충격량을 검출하거나 진동의 동적인 변화 상태를 파악하기 위해 다양한 공학 분야에서 필수적으로 사용하는 센서소자이다. 가속도센서의 특징으로는 고유진동수가 크고, 비교적 소형이기 때문에 설치 장소에 구애를 받지 않으며, 온도나 습도와 같은 환경조건에 적응도가 우수하고, 전기적인 출력이 안정하며, 경년변화가 직다는 등의 장점을 가진다. 반도체형 가속도센서는 관성형의 단점을 보완한 것으로 예로서 관성형 가속도센서는 구조가 비교적 복잡하고, 무거우며, 신뢰성이 떨어지고, 동일 규격의 양산이 어렵다는 결점이 있다. 반면에 반도체형은 집적회로 기술을 바탕으로 신뢰성이 높고, 소형·경량으로 양산이 쉽다.

반도체형은 실리콘을 이용하여 주로 제조되며, 대표적인 반도체형은 압저항이나 압전효과를 이용하여 가속도센서를 만든다. 압저항 가속도 센서는 그림 3-7에서 보여준다. 기본 구조는 캔틸레버(cantilever) 빔이 고정된 외형에 매달려 있어 진동형 질량의 형태를 한다. 압저항 요소는 확산층으로서 캔틸레버에 형성되어 있다. 실리콘 기판에 식각으로 제조되고, 유리판으로 양면을 부착하여 캡슐화한다. 압저항은 온도 계수가 크기 때문에 이를 보상하기 위해 온도 보상용의 확산저항이 칩 위에 제작된다.

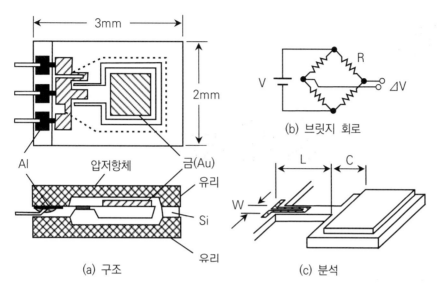

그림 3-7 ▌ 반도체 가속도 센서

캔틸레버 빔의 변동에 의한 저항의 변화는 그림 (b)의 브리지 회로에 의해 검출된다. 그리고 센서 감지부인 캔틸레버는 그림 (c)에서 나타난 바와 같이 빔의 길이 L, 빔의 폭 W, 빔의 두께 t, 진동의 질량 m, 및 진동의 질량중심 c 로 하면, 압저항의 브리지회로에 의한 감도는 다음과 같다.

$$\frac{\Delta V}{V} = \left(\frac{3}{4}\right)\pi_{44} m \frac{c+L}{Wt^2} a \tag{3-13}$$

여기서, π_{44}는 유효 압저항 계수로 응력에 대한 작은 저항변화의 비율을 의미한다. 식에서 알 수 있듯이 센서의 감도는 빔 두께의 제곱에 반비례하게 된다.

최근에는 반도체 공정기술과 마이크로머시닝(micromachining) 기술을 이용한 가속도 센서가 많이 연구되어 크기가 작으면서 소비전력이 작고 수명이 길며, 정확할 뿐만 아니라 가격이 저렴하다는 장점을 가진다.

CHAPTER

광센서

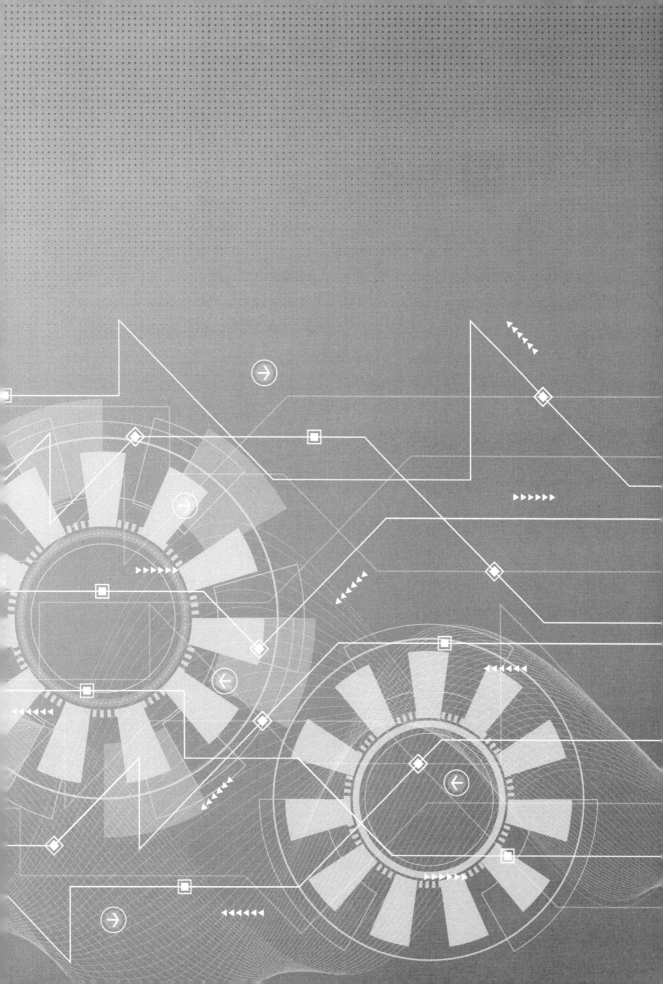

4-1 광센서의 개요

인간에게 있어 빛은 일상생활에 없어서는 안 될 절대적인 것이다. 특히, 인간이 눈으로 감지할 수 있는 가시광선 영역을 중심으로 자외선 및 적외선을 감지하는 센서는 인간과 밀접한 관계를 가지며, 이러한 광신호를 전기신호로 변환하여 검출하는 소자를 광센서라고 한다. 이와 같이 빛을 검출하여 전기적인 신호로 출력하는 광센서는 다양한 산업과 자동화 시스템에서 널리 사용되고 있다.

아인슈타인은 1905년에 빛의 성질에 대한 주목할 만한 가설을 만들었고, 한 개의 광자가 갖는 에너지는 다음 식으로 표현된다.

$$E = h\nu \tag{4-1}$$

여기서, ν 는 빛의 진동수이고, $h = 6.63 \times 10^{-34}$ [J · s]는 빛의 파동설을 기초로 유도한 프랭크 상수(Planck's constant)이다.

광센서는 빛의 흡수에 따라 물성이 비교적 많이 변할 수 있는 반도체

표 4-1 ▌ 반도체의 에너지갭과 흡수파장

반도체	에너지 갭 (eV)	흡수파장 (μm)
ZnS	3.6	0.345
CdS	2.41	0.52
CdSe	1.8	0.69
CdTe	1.5	0.83
Si	1.12	1.10
Ge	0.67	1.85
PbS	0.37	3.35
InAs	0.35	3.54
PbTe	0.3	4.13
InSb	0.18	6.90

재료가 주로 사용되는데, 빛의 파장에 따른 흡수의 정도와 같은 특성은 사용되는 반도체 재료의 금지대폭인 에너지 갭 E_g에 의존하게 된다. 식 (4-1)에서 에너지 E가 E_g보다 커지면 빛을 흡수하여 가전자대의 전자가 에너지갭을 뛰어넘어 전도대로 올라간다. 이와 같이 반도체와 절연체 물질의 에너지갭은 한계 검출파장을 나타내며, 이를 표 4-1에서 보여준다.

전자파(electromagnetic wave)의 일종인 빛은 광자에 의한 불연속적인 에너지로써, 광 에너지의 파장 스펙트럼으로 표시된다. 육안으로 구별할 수 있는 광의 파장은 $0.39{\sim}0.77\mu m$이고, 보라색에서부터 빨간색까지의 파장을 나타낸다. 가시광선에서 보라색을 벗어난 자외선(ultraviolet) 영역은 대략 $0.01{\sim}0.39\mu m$이고, 빨간색을 벗어난 적외선(infrared) 영역은 $0.77{\sim}1,000$ μm 정도이다. 이와 같이 가시광선 영역은 전자파 스펙트럼에서 극히 좁은 영역에 불과하다. 빛은 보통 주파수보다는 파장으로 나타내는데 파장 λ는 다음과 같이 표현한다.

$$\lambda = \frac{c}{\nu} = \frac{hc}{h\nu} = \frac{1.24}{h\nu\,[eV]} \quad [\mu m] \tag{4-2}$$

여기서, c는 진공 중에서 빛의 속도로 3×10^8 [m/s]이다. 또한, $h\nu$는 광 에너지로써 단위는 [eV]이다.

위 식으로부터 광 에너지는 진동수와 직접적으로 관련되고 진동수가 증가하면 에너지도 증가하지만 파장은 역으로 감소한다. 또한 광전소자의 반도체내에서 발생되는 파장은 금지대폭과 관계하며, 다음과 같이 주어진다.

$$\lambda = \frac{1.24}{E_g} \tag{4-3}$$

인간이 어떤 물체의 색깔이나 형체를 알아보는 것은 빛이 물체에 반사되어 눈으로 감지하기 때문이며, 가시광선에 의한 빛을 인간이 감지하는 것은 눈의 망막에 흡수되어 광신호가 뇌에 전달되어 얻게 된다.

4-2 광센서의 종류

광센서는 용도, 기능 및 원리에 따라 여러 종류의 센서로 구분하며, 발광원의 파장에 따라 센서가 나누어지기도 한다. 광소자는 용도에 따라 크게 수광소자와 발광소자로 구분하는데, 수광소자는 광신호를 받아 전기신호로 바꾸는 소자이고, 발광소자는 반대로 전기신호를 광으로 변환하는 소자이다. 표 4-2는 동작원리에 따른 광센서의 종류를 나타내고 있는데, 원리에 따른 분류는 크게 광자형과 열형으로 나눈다. 광자형은 전자파의 광자를 흡수하여 전하 캐리어로 직접 변환하는 센서이며, 대표적으로 광도전 센서, 포토 다이오드, 포토 트랜지스터 등이 있다.

표 4-2 ▌ 동작원리에 따른 광센서의 분류

동작원리	광센서		재료
내부 광전효과	광도전형	광도전 센서	CdS, CdSe, PbS, PbSe
	접합형	포토 다이오드	Si, Ge, GaAs, InGaAsP
		pin 다이오드	Si, Ge, GaAs
		어밸런치 포토 다이오드	Si, Ge, GaAs
		포토 트랜지스터	Si, Ge, GaAs
		PSD(위치감지센서)	Si
	복합형	포토커플러, 포토인터럽터	LED-포토 트랜지스터
외부 광전효과	광전관		Ag-O-Cs, Sb-Cs
	광전자증배관		Ag-O-Cs, Sb-Cs
열효과	초전형		$LiTaO_3$, PT계열
	서모파일		열전대
	볼로미터		Pt, Ni, 서미스터

광자형은 다시 구분하면 내부광전효과와 외부광전효과로 나눌 수 있는데, 내부광전효과는 광이 입사하면 반도체 내에 과잉 전자나 정공이 발생하는 현상이다. 그리고 외부광전효과는 광전자 방출효과라고 하며, 광이 입사하면 전자가 가전자대에서 진공준위로 여기되어 반도체 표면을 넘어 외부로 방출하는 현상이다. 열형은 주로 적외선을 흡수한 소자의 온도가 변하고 이어 소자의 전기적인 특성이 변하는 간접적인 센서이며, 서모파일, 초전센서, 서미스터 등이 있다.

광센서의 기본적인 구조는 발광부와 수광부가 있으며, 발광부에서는 자연광을 사용하거나 혹은 별도의 발광소자를 사용하여 광을 발생시키고, 수광소자인 센서가 입사하는 광을 받게 된다. 일반적으로 광센서의 동작은 발광부와 수광부 사이에 대상물체가 통과하면 발광부에서 발생한 빛이 차단되어 수광부의 입사하는 광량이 변하게 된다. 수광부에서 광센서는 빛의 변화를 감지하여 전기신호로 변환시켜준다.

광센서를 형태별로 구분하여 원리를 알아보면, 투과형, 회귀반사형, 확산반사형 및 한정반사형 등으로 나눌 수 있다. 먼저, 투과형은 광이 직진하는 성질을 이용하여 발광부에서 입사하는 광을 수광부에서 받아 동작하기 때문에 발광부와 수광부가 서로 마주보며 광축 상에서 대향하여 설치되고, 직진성을 바로 이용함으로 장거리 검출이 가능하다. 회귀반사형은 광의 반사하는 성질을 이용하여 거울과 같은 반사판을 설치한다. 투과형과 달리 발광부와 수광부가 동일한 위치에 놓이기 때문에 일체화할 수 있다. 확산반사형은 광의 반사하는 성질을 이용하는 것이 회귀반사형과 동일하지만, 거울 대신에 대상 물체에 반사되어 수광부로 들어오는 신호를 검출하며, 발광부와 수광부가 일체화된다. 한정반사형은 발광부와 수광부가 목표 지점을 향해 약간의 각도를 갖고 교차하는 제한된 공동 영역 내에서만 검출이 가능하다. 배경의 영향이 적고, 짧은 응차거리를 가지며, 작은 요철을 검출하는 것이 가능하다.

4-3 광센서의 특징

광센서의 정의를 다시 한 번 살펴보면, 광을 이용하여 비접촉방식으로 대상물체의 반사, 복사 및 차광 등에 의해 발생하는 입사광의 차이에 따른 물체의 유무, 대소 및 명암 등을 감지함으로서 광신호를 전기신호로 변환하는 소자를 말한다. 최근 광센서는 반도체 재료, 소자 및 제조기술의 발달과 더불어 다양한 형태로 발전하여 왔다. 특히, 센서 감지부와 전기적 회로부를 실리콘 기판 내에 집적하여 일체화한 소자가 대량으로 생산하는 것이 가능해져 저가격과 고성능으로 인해 새로운 응용분야로 더욱 확대해 나가고 있다.

광센서에서 입력신호로 들어오는 빛의 기본적인 특성은 다음과 같이 3가지를 갖는다.

- **빛의 직진성** : 공기와 물속에서는 굽거나 휘지 않고 항상 똑바로 직진하는 성질을 갖는다.
- **빛의 반사성** : 빛은 거울이나 유리에서 반사하며, 맑은 날 바다나 호수에서 눈부시게 밝은 것이 바로 이러한 원리이다.
- **빛의 굴절성** : 투명한 물체에 빛을 비추면 반사하거나 전진하며 직진하는 빛의 방향이 다소 변하여 굴절하는 성질이다.

광센서는 일상생활에서 각종 가전제품과 산업 전반에 걸쳐 광범위하게 사용되고 있는데, 이는 광센서가 갖는 매우 다양한 특징을 가지고 있기 때문이다. 이제, 광센서가 갖고 있는 특성을 알아보도록 한다.

- 비접촉식에 의한 검출방식을 갖기 때문에 접촉식에 비해 수명이 길다. 즉, 발광 다이오드와 같은 광원을 사용하여 비접촉식으로 광센서가 동작하여 수명이 길고, 유지보수가 용이하고, 대상물체나 센서 자체의

간섭을 받지 않는다.

■ 대부분의 물체를 감지하는 것이 가능하다. 표면 반사나 차광량으로 검출하기 때문에 거의 모든 물체를 검출할 수 있으며, 대상물체의 소재에 관계없다.

■ 검출거리가 길다. 투과형 뿐만 아니라 일반 반사형에서도 새로운 기술력으로 검출거리가 길다.

■ 빠른 응답속도를 얻을 수 있다. 생산 라인의 속도에 맞추어 고속응답 속도를 가진 적합한 센서를 폭넓게 선택할 수 있다. 릴레이 부착형의 경우, 거의 릴레이 동작속도에 의해 좌우된다.

■ 분해능이 높은 검출이 가능하다. 광의 직진성이 우수하고 파장이 짧기 때문에 인간의 시각으로 판단하기 어려운 고정밀도의 검출이 가능하며, 광학 시스템이나 전용 전자회로를 채택하여 위치결정이나 미세검출이 가능하다.

■ 검출범위 제어가 쉽다. 광학계와 기구 등에 의해 보다 간단하게 확산하거나 굴절이 가능하고, 대상물체나 사용 환경에 대한 조정이 가능하다.

■ 자기자는 진동의 영향을 받지 않아 안정한 동작을 얻을 수 있다.

■ 색의 진한 정도에 대한 검출이 가능하다. 색은 빛의 특정 파장에 따라 반사나 흡수의 비율이 다르며, 수광량의 변화를 가지므로 색을 검출하고 판별할 수 있다. 다른 검출용 스위치에는 없는 특징으로 색의 특정한 파장에 대한 흡수작용을 이용하여 수광되는 광의 변화에 의해 색의 진한 정도를 검출할 수 있다.

■ 광을 자유로이 구부려 검출하는 것이 가능하다. 즉, 광 화이버 센서를 사용하여 검출위치에 관계없이 협소한 장소나 까다로운 장소에서도 검출이 가능하다.

■ 수명이 길다.

■ 미세한 물체의 검출이 용이하다.

4-4 광도전 셀

빛이 물체에 조사되면, 물체의 도전율이 증가하는 현상을 광도전 효과라 한다. 광도전 현상은 그림 4-1과 같이 진성 반도체의 양단에 오옴성 전극(ohmic electrodes)을 가진다. 광도전 소자의 표면에 광이 입사하면, 전자-정공쌍(EHP; electron-hole pair)이 발생하여 결과적으로 도전율이 상승한다. 소자로 사용되는 재료의 암도전율(dark conductivity) σ 는 열평형상태에서 전자와 정공의 캐리어 밀도를 각각 n_0, p_0 라고 하고, 전자와 정공의 이동도를 각각 μ_n, μ_p 라고 하면,

$$\sigma = q(\mu_n n_0 + \mu_p p_0) \tag{4-4}$$

으로 나타난다. 반도체의 금지대폭(forbidden gap)보다 큰 에너지를 갖는 일정한 조도의 빛으로 조사를 계속하면, 가전자대(valence band)의 전자는 광을 흡수하여 전도대(conduction band)로 여기되고, 가전자대에는 정공을 남긴다. 여기서 금지대폭은 전도대와 가전자대 사이의 에너지 차를 의미하며, 에너지갭(energy gap; E_g)이라고도 부른다. 이때, 발생하는 과잉 캐리어 밀도 $\Delta n(= \Delta p)$ 는 반도체의 도전율을 증가시킨다. 도전율의 증가분 $\Delta \sigma$ 는

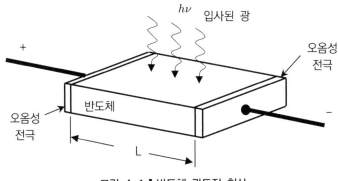

그림 4-1 ▍ 반도체 광도전 현상

$$\Delta\sigma = q(\mu_n\Delta n + \mu_p\Delta p) = q(\mu_n + \mu_p)\Delta n \qquad\qquad (4\text{-}5)$$

이다. 시간 $t=0$ 부터 일정 조도의 광이 소자에 주어지고, 광 조사에 의한 단위체적과 단위시간당의 캐리어의 생성율을 G, 캐리어의 수명(lifetime)을 τ 라 하면, 과잉 캐리어밀도 Δn 는

$$d\Delta n/dt = G - \Delta n/\tau \qquad\qquad (4\text{-}6)$$

이며, 시각 t에서의 Δn 은

$$\Delta n = G\tau\{1 - \exp(-t/\tau)\} \qquad\qquad (4\text{-}7)$$

이다. 그리고 충분한 시간이 경과 후에 과잉 캐리어 밀도는 $G\tau$ 가 된다.

식 (4-7)을 식 (4-5)에 대입하면, 광 조사를 시작하여 t초 후의 도전율의 증가분 $\Delta\sigma$ 는

$$\Delta\sigma = q(\mu_n + \mu_p)G\tau\{1 - \exp(-t/\tau)\} \qquad\qquad (4\text{-}8)$$

가 된다. 이 식에서 G는 조사되는 광의 조도에 거의 비례하고, $\Delta\sigma$ 는 광의 조도에 따라 변화하며, 결과로서 광 전류출력은 광 입력신호에 의하여 제어할 수가 있다. 또한, 캐리어 수명이 큰 재료는 높은 감도를 갖는다는 것도 알 수 있다. 그러나 조사되는 광의 강도가 급속하게 변화할 경우에 소자전류(광전류)의 응답을 고려하면, 캐리어 수명이 클수록 나빠진다. 즉, 식 (4-8)에서와 같이 광의 조도변화에 대한 도전율의 변화는 캐리어 수명이 시정수로서 관여한다. 따라서 소자의 응답에서 캐리어 수명만큼의 시간지연을 갖게 되고, 캐리어 수명보다 짧은 주기로 변하는 입력광 신호에 대한 출력의 응답은 감소하는 결함이 있다. 이상의 결과에서 소자가 높은 감도를 갖게 되면 고주파에서의 응답은 나쁘게 되며, 역으로 고주파의 응답을 요구한다면 높은 감도의 성질을 얻어질 수 없다. 광도전 센서는 구조가 간단하다는 장점을 가지지만, 잡음이 크고 항상 바이어스를 인가하여야 하기 때문에 열 발생에 의한 성능이 저하할 수 있다는 단점이 있다.

4-5 CdS 셀

CdS 셀은 광도전 센서에 속하며, 일종의 광가변성 저항소자이다. 가시광선을 검출하는 광도전 센서 중에 가장 널리 사용하는 것이 CdS 셀이며, 그림 4-2에서는 CdS 셀의 기본적인 구조와 외형을 나타낸다.

CdS 셀은 황화카드뮴을 주성분으로 하는 광도전 센서로서, 광이 조사되면 내부 저항이 변하는 소자이다. 그림에서 나타나듯이, 세라믹 기판 위에 CdS 분말가루를 소결하고 오옴성 전극을 구성하여 제조한다. 제조공정에는 소결하여 다결정으로 구성하는 방법 이외에 단결정형이나 증착형으로 제조하기도 한다. 이때, CdS가 꾸불꾸불한 모양으로 만드는 이유는 전극과의 접촉면적을 크게 하여 높은 감도를 얻기 위한 것이다. 그러나 CdS 셀은 수분에 의해 성능의 저하가 크기 때문에 표면에 창을 만들고 완전 밀봉하게 되며, 빛은 유리나 플라스틱 혹은 수지 도포막으로 만들어진 창을 통하여 셀의 표면에 조사된다.

CdS 셀의 동작은 구조에서 알 수 있듯이 셀 양단에 전극이 부착되어 있는데, 광이 조사되지 않은 상태에서는 전압을 인가하면 미소한 전류가 흐

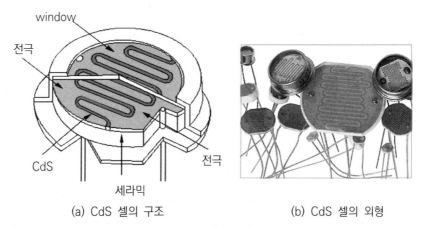

(a) CdS 셀의 구조   (b) CdS 셀의 외형

그림 4-2 ▌ CdS 셀의 구조와 외형

르게 되며, 소자의 저항은 높은 값을 나타낸다. 그러나 CdS 셀에 광이 입사하면 전자와 정공이 발생하여 전류가 흐르며, 입사하는 광의 세기에 따라 셀의 저항이 감소하여 흐르는 전류는 증가하게 된다. 즉, CdS 셀의 저항값은 입사광이 강하면 낮아지고, 광이 약하면 저항은 커진다. 일반적으로 광이 조사되지 않을 경우에 CdS 셀의 저항값은 수십 $M\Omega$ 까지 나오지만, 광이 들어오면 수 $k\Omega$ 에서부터 수십 $k\Omega$ 정도로 낮아진다. CdS 셀에서 전압 (V)가 인가되고 조도가 $L[\text{lx}]$이면, 광전류는 다음 식으로 나타난다.

$$I = \alpha\beta\gamma VL \tag{4-9}$$

여기서, α 는 상수, β 는 전압지수로 거의 1이고, γ 는 조도지수로 조도와 센서의 소재에 따라 다르지만, 0.5~1 정도이다. 보통 조도지수는 조도가 낮으면 1에 가깝고, 조도가 높아질수록 0.5에 가까워진다. 조도지수는 다음 식으로 얻을 수 있다.

$$\gamma = \left| \frac{\log R_a - \log R_b}{\log L_a - \log L_b} \right| = \left| \frac{\log (R_a / R_b)}{\log (L_a / L_b)} \right| \tag{4-10}$$

여기서, L_a, L_b 는 조도이고, R_a, R_b 는 각 조도에서의 저항값이다. 즉, 조도의 변화에 따라 저항값은 변하며, CdS 셀에 가해지는 조도의 세기가 증가하면 저항값은 감소하지만, 조도와 저항값 사이에 관계는 항상 선형적일 수 없기 때문에 사용 시에 보정이 필요하다.

CdS 셀의 특징을 살펴보면, 다음과 같이 정리할 수 있다.

- 분광특성이 가시광선 영역에 있어 인간의 시감도와 흡사하다.
- 비교적 큰 전류가 출력으로 검출되며, 신뢰성이 우수하다.
- 교류 동작이 가능하고, 외부 잡음에 강한 편이다.
- 가격이 저렴하지만, 반면에 응답속도가 느린 편이다. (~100 ms)
- 주위광이 외란광으로 되기 쉬우므로 히스테리시스가 크다.

4-6 포토 다이오드

포토 다이오드는 pn 접합 다이오드의 I-V 특성에서 광의존성을 이용한 것으로 동작원리는 pn 다이오드에 역바이어스 V_R를 가하면, 아주 작은 역포화전류가 흐른다. 다이오드의 접합부근 즉, 공핍층과 양측 확산거리 정도의 영역에 광을 조사하면, 공핍층 내의 캐리어는 역방향 바이어스에 의하여 형성되는 공핍층 내의 강한 전계로 인하여 분리되는데, 전자는 n 영역으로 정공은 p 영역으로 들어간다. 또, 공핍층의 양측 확산거리과정의 영역에 생기는 캐리어는 확산에 의해 공핍층 내로 들어가며, 공핍층의 전계로 분리되어 각각 n, p 영역으로 끌려간다. 이때에 생성되는 캐리어의 수는 대체로 조도에 비례하며, 다이오드에 흐르는 역전류(광전류) I_{ph}의 크기도 광의 강도에 비례한다.

이와 같은 수광소자를 포토 다이오드(photo diode)라고 한다. 포토 다이오드는 요구되는 파장대의 빛을 응답시키기 위해 에너지갭을 고려하여 반도체 재료를 선택하며, Si 이외에 GaAsP와 Ge 등을 사용한다. 포토 다이오드에는 여러 종류가 있으며, 포토 트랜지스터보다 감도가 낮다는 결점이 있지만, 다음과 같은 장점을 가진다.

- 입사광에 대한 출력전류의 직선성이 우수하여 아날로그 회로에서 동작하기 적합하다.
- 응답속도가 빠르고, 암전류가 적으며, 잡음이 적다.
- 감도에 대한 파장범위가 넓으며(400~1,100nm), 특히 700~900 nm에서 감도가 매우 좋다.
- 출력의 분산이 적은 편이다.

■ 주위 온도에 대한 출력 변화가 적은 편이고, 내충격성과 내진동성을 가진다.

■ 소형경량으로 수명이 길고, 신뢰성이 우수하다.

이와 같이 포토 다이오드의 응답은 광도전소자에 비하여 캐리어의 수명에 기인하는 시간지연이 없기 때문에 빠르지만, 응답 동작이 캐리어의 확산 현상에 관여하기 때문에 적용되는 광신호의 주파수는 수 10kHz 정도이다. 또한, 포토 다이오드는 광도전셀과 같이 연속적인 빛의 조사로 캐리어의 누적에 의하여 감도를 높이는 효과가 없기 때문에 감도가 비교적 낮다. 따라서 낮은 감도를 개선하고, 응답주파수를 높이기 위하여 두 종류의 소자를 다음과 같이 고려할 수 있다.

하나는 pn 접합의 사이에 적당한 두께의 진성반도체인 i층을 삽입하여 역바이어스를 인가하면 공핍층의 폭을 더욱 넓게 형성하여 높은 역바이어스 전압에서도 사용이 가능한 소자이다. 다른 하나는 입사광으로 인하여 생성된 전자와 정공이 공핍층을 통과할 때 강한 전계에 의해 일어나는 어밸런치 증배작용을 이용하여 광전류를 증폭하는 어밸런치 포토 다이오드(avalanche photodiode; APD)가 있다. 이러한 포토 다이오드는 다음 절에서 설명한다.

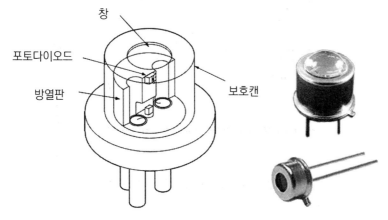

그림 4-3 ▌ pn 포토 다이오드의 외형

4-7 pin 및 어밸런치 포토 다이오드

pin 포토 다이오드는 pn 접합 다이오드의 pn 접합 사이에 i층을 삽입하여 구성한다. 그림 4-4에서는 pin 포토 다이오드의 구조를 나타낸다. 그림에서와 같이 i층에 의한 넓은 공핍층 때문에 수광영역이 넓어져 높은 광감도가 얻어지고, 소자의 정전용량이 감소하기 때문에 고속응답이 얻어진다. 또한 공핍층 내의 높은 전계 때문에 캐리어는 신속히 이동하여 고주파수(수 GHz)에서도 사용이 가능하게 한다. 그리고 i층의 삽입은 암전류와 잡음을 적게 하는 효과가 있고, 동작전압이 낮아 사용하기 용이하다. 높은 효율을 얻기 위해 반사 방지막을 설치하여 반사계수를 줄이는 반면에 i층의 두께를 가능한 크게 하여 입사한 빛이 i층에서 모두 흡수하도록 구성하여야 한다.

이와 같은 소자로 사용이 가능한 광의 파장범위는 Si 소자의 경우 $0.4\sim1.1\mu m$, Ge 소자에서는 $0.6\sim1.7\mu m$이다.

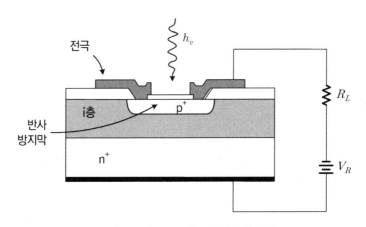

그림 4-4 ▌ pin 포토 다이오드의 구조

APD(avalanche photodiode)는 pin 포토 다이오드의 i층 대신에 낮은 억셉터 농도의 p⁻ 층을 사용하고 있다. 소자에서 어밸런치 증배를 일으키기 위해 높은 역 바이어스전압을 인가하여 사용한다. 그러므로 공핍층이 형성되는 p⁻ 층의 접합 주변에서 절연파괴가 일어나기 쉬우며, 이러한 현상을 방지하기 위해 n⁺ 영역을 깊게 만든 보호링 (guard ring)을 구성하여 파괴되기 쉬운 부분의 전계를 약화시키게 된다.

더구나, APD는 미약한 광에서도 열잡음 수준 이상으로 증폭하는 것이 가능하여 S/N비가 커지고 감도가 높으며, 또한 수 GHz정도의 주파수에서 응답하는 장점을 가지지만, 입사광의 조도와 광전류는 비례하지 않고, 전류 불안정으로 인하여 과잉 잡음이 발생할 수 있으며, 온도의 영향을 받기 쉬운 결점이 있다.

APD는 포토 다이오드에 비해 부하저항이 작기 때문에 충분한 출력전압을 얻을 수 있고, 이로 인하여 고속응답을 얻을 수 있어 장거리 광통신 등에 응용한다. 그러나 높은 역방향 바이어스를 인가하여 절연파괴를 주의하여야 하고, 역바이어스 전압에 대해 충분히 안정적이어야 한다.

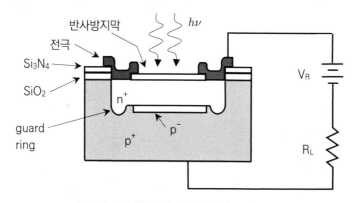

그림 4-5 ▮ 어밸런치 포토 다이오드의 구조

4-8 포토 트랜지스터

포토 다이오드의 낮은 감도를 보완하기 위해 트랜지스터의 증폭작용을 이용하여 광전류를 증폭하는 소자가 바로 포토 트랜지스터(phototransistor)이며, 그림 4-6에서는 포토 트랜지스터의 구조와 등가회로를 나타내고 있다.

일반적인 트랜지스터와 동일하게 3단자 소자로서, 이미터, 베이스 및 컬렉터를 가진다. 그러나 등가회로에서 나타난 바와 같이 포토 다이오드와 트랜지스터로 일체화된 구성을 하고 있으며, 트랜지스터는 증폭작용을 하여 고감도의 특성을 가지게 된다. 이제, 포토 트랜지스터의 동작원리를 살펴보면, 구조에서 감광성 컬렉터-베이스 pn 접합을 가지고 역방향 바이어스되며, 베이스-이미터 접합은 순방향 바이어스가 되도록 이미터와 컬렉터 사이에 전압을 인가한다. 그리고 그림 (a)에 나타낸 바와 같이 포토 트랜지스터에 광이 조사되면 베이스-컬렉터 사이의 공핍층 부근에서 전자-정공쌍이 생성되며, 이때 전자는 컬렉터로, 정공은 이미터 쪽으로 이동하게 된다.

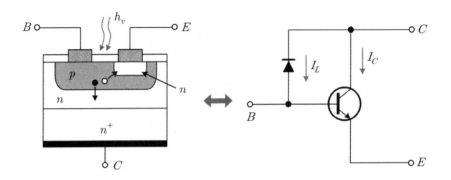

그림 4-6 ▌ 포토 트랜지스터의 구조

그러므로 베이스-이미터 접합의 순방향 바이어스로 광전류가 흐르며, 이는 트랜지스터에 베이스 전류로 광의 강도를 알 수 있다. 이것이 트랜지스터의 증폭률 β에 의하여 100~500배의 크기로 증폭되어 출력전류로 나타난다. 포토 트랜지스터에서 광전류의 크기는 베이스-컬렉터의 광전변환효율, 접합면적 및 증폭률 등에 의해 결정된다.

그림 4-7은 여러 종류의 포토 트랜지스터 외형들을 나타내며, 여기서 3단자 소자인 포토 트랜지스터의 리드선이 두 개인 경우는 베이스 단자가 부착된 구조이다. 그리고 베이스 단자가 있는 경우에는 베이스 단자를 외부 회로에 접속하여 온도보상, 응답속도 개선 및 암전류 감소 등의 효과를 얻을 수 있는 반면에 잡음이 증가한다는 단점도 가진다.

일반적으로 Si로 제작된 포토 트랜지스터는 직진성이 나쁘기 때문에 광의 세기를 측정하기에는 적합하지 않으며, 광의 존재여부를 검출하는 소자로 사용한다. 따라서 단독으로 사용하기 보다는 발광소자인 LED와 결합하여 광전달 소자나 포토 커플러 등으로 사용한다. 포토 트랜지스터에서 베이스-컬렉터 간의 광전류는 캐리어의 확산에 의해 흐르기 때문에 속도가 느리고, 또한 이와 같은 부위에서의 확산용량은 광전류 중의 높은 주파수 성분을 단락시키기 때문에 응답 주파수는 수십 kHz 정도이다. 포토 트랜지스터보다 더욱 높은 감도를 얻기 위해 포토 달링톤 트랜지스터를 사용한다.

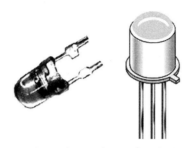

그림 4-7 ▌ 포토 트랜지스터의 외형

4-9 발광 다이오드(LED)

발광 다이오드(light emitting diode; LED)는 반도체의 pn 접합에 전류를 흘려 빛이 방출되도록 만든 다이오드의 일종이다. 그림 4-8과 같이 GaAs로 만들어진 pn 접합에 순방향 바이어스를 인가하면 전자는 n형에서 pn 접합면을 거쳐서 p형의 정공과 재결합한다. 즉, 공핍층과 인접한 캐리어 확산 영역으로 주입된 소수 캐리어는 직접 또는 불순물준위 등을 바탕으로 다수 캐리어와 재결합한다. 따라서 전도대의 자유전자는 가전자대에 있는 정공과 재결합하면서 전자가 가지고 있는 에너지 준위 만큼 빛의 형태로 에너지를 외부로 방출하게 된다. 이런 원리로 만들어진 것이 발광 다이오드이다. 이와 같은 LED의 동작원리를 아래 그림에서 나타내고 있다. LED의 파장 λ_c는 반도체의 금지대폭 E_g [eV]에 의해 결정되며, 발광중심 등의 준위를 거쳐서 재결합이 수행되는 경우에는 당연히 발광파장이 이것보다도 길어지게 된다.

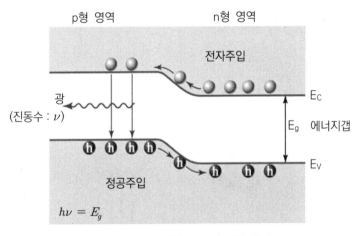

그림 4-8 ▎pn 접합 LED의 발광 원리

효율이 좋은 LED를 제작하기 위하여 전도대의 전자와 가전자대의 정공이 직접천이에 의해 재결합하도록 하는 것은 직접천이형의 반도체가 높은 효율을 얻기 때문이다. 반면에 간접천이형 반도체를 사용하는 경우에는 재결합이 광자를 방출하기 때문에 천이 확률은 낮게 되며, 일반적으로 발광효율은 좋지 않다.

2단자 소자인 LED에서 짧은 단자는 음극(cathode)이고, 긴 단자가 양극(anode)이다. LED 본체인 머리 부분을 자세히 살펴보면, 반도체 칩에 전원을 공급하기 위해 음극과 양극이 있고, 이들은 금으로 된 매우 가는 전선으로 반도체 칩에 연결된다. 내부의 칩을 보호하고 동시에 빛을 모으기 위한 렌즈 구실을 하는 플라스틱의 일종인 에폭시 수지로 몰드하게 된다.

전자와 정공의 재결합으로 발생하는 빛은 반도체의 에너지폭에 대응하는 파장에 의해 방출하며, 이는 1907년 영국의 H.J. Round가 탄화규소에 바늘을 이용하여 전류를 흘려 광이 생성되는 현상을 관찰하였다. 이후, 여러 재료를 이용하여 발광하는 현상을 연구하였으며, 1957년 미국의 E.E. Rovner가 화합물 반도체를 이용하여 발광 다이오드를 개발하면서 GaAs와 같은 여러 종류의 화합물 반도체가 발광 다이오드에 응용하기 시작하였다. GaAs($E_g \fallingdotseq 1.4\ [eV]$)를 사용한 소자는 파장이 약 $0.88 \mu m$의 적외선광을 방사한다. 이외에 가시광을 생성하는 LED로서는 적색으로는 GaAlAs, GaAsP, GaP, 황색에는 GaInP, 녹색에는 GaP 등이 사용된다. 또한, GaAs와 형광체를 사용하여 적, 녹, 청색인 광의 3원색을 발광시키는 LED도 만들어지며, 최근에는 청색을 발광하는 LED가 개발되어 디스플레이나 조명 등의 분야에서 관련 연구가 매우 활발하게 이루어지고 있고, SiC나 ZnSe 등을 사용한 소자에 집중되고 있다. 또한, LED에서 광을 가장 유효하게 얻어내기 위하여 많은 연구가 진행되고 있다.

4-10 포토 커플러

포토 커플러(photo-coupler)는 발광소자와 수광소자를 결합시킨 광센서로서, 주로 두 개의 회로 사이에 신호를 전송하기 위해 구성한 센서이다. 발광소자로는 LED를 사용하고, 수광소자로는 포토 다이오드나 포토 트랜지스터를 사용하는데, 발광부의 전기신호를 광신호로 변환하여 수광부에서 다시 전기신호로 바꾸게 되기 때문에 발광부의 회로와 수광부의 회로를 전기적으로 분리할 수 있다는 장점을 가진다. 이와 같이 포토 커플러는 발광소자와 수광소자를 광학적으로 결합한 복합광 소자이며, 일종의 인터페이스 역할을 수행하는 스위치이다. 광신호를 전달하는 광결합소자로서, 일명 포토 아이솔레이터(photo-isolator) 혹은 옵토 커플러(opto-coupler)라고 부르기도 한다.

포토 커플러는 패키지의 내부 구조에 따라 반사형과 투과형으로 대별하며, 다시 단일 몰드, 이중 몰드 및 박막 삽입형으로 구분한다. 그림 4-9는 포토 커플러의 내부 구성을 나타내며, LED와 포토 트랜지스터로 구성된다.

(a) 포토 커플러의 내부 구성　　　　　(b) 포토 커플러의 외형

그림 4-9 ▐ 포토 커플러의 내부 구성

그리고 수광부의 포토 트랜지스터 이외에, 수광부의 파장특성에 따라 적합한 분광감도를 갖기 위해 포토 달링톤, 포토 트라이악(triac)과 포토 logic IC 등을 사용하기도 한다. 일반적으로 포토 커플러에 사용하는 발광 소자는 발광효율이 우수한 GaAs 적외선 발광 다이오드를 사용하며, 고속 용으로는 GaAsP나 GaAlAs를 사용하기에 적합하고, 서로 다른 회로 사이에 신호전달을 위해 사무기기, 통신기기 및 각종 기기에 많이 쓰인다.

포토 커플러의 일반적인 특징으로는 다음과 같다.

- 소자의 입출력 사이가 전기적으로 완전히 절연되어 있기 때문에 전위 차가 다른 두 개의 회로 사이에 신호전달에 유용하다.
- 신호전달이 단일 방향이기 때문에 출력으로부터 입력으로 영향을 미 치지 않는다.
- 논리소자와 인터페이스가 용이하고 응답속도가 매우 빠르다.
- 소형경량이며 실장밀도가 대단히 높고, 저렴하며 대량생산이 가능 하다.
- 수명이 거의 반영구적이고, 신뢰성이 매우 높은 편이다.
- 빛을 이용하여 신호를 전달하기 때문에 잡음에 강하다.

포토 커플러의 외형에서 내부 구조를 살펴보면, 서로 대향한 구조로 되어 있는 수광부와 발광부는 투명수지에 둘러싸여 격리되어 있으며, 소자의 외부는 불투명한 흑색수지로 감싸고 있다. 고속응답을 필요로 하는 회로에서는 발광부에 GaAsP LED를 사용하고, 수광부는 Si 포토 트랜지스터를 많이 사용하며, 출력을 높이기 위해 포토 달링톤으로 구성한다.

포토 커플러와 유사하게 포토 인터럽터(photo-interruptor)도 일종의 광결합소자이며, 발광부와 수광부 사이에 통과하는 물체의 존재여부나 위치검출을 감지하는 광센서이다. 포토 인터럽터는 구조에 따라 광투과형과 광반사형으로 구분한다.

4-11 이미지 센서

이미지 센서(image sensor)는 광학적인 영상을 전기적 신호로 변환시키는 반도체 소자로서, 영상 이미지 저장 및 전송, 디스플레이 장치에서 광학 영상을 재현하기 위해 사용하는 센서이다. Si 반도체를 이용한 이미지 센서는 크게 CCD(charge coupled device) 이미지 센서와 CMOS 이미지 센서로 구분하는데, CCD형이 CMOS형에 비해 잡음이 적고, 이미지 품질이 우수하다는 특징을 가진다.

CCD 이미지 센서는 빛을 전하로 변환시켜 화상을 만드는 소자이며, 일명 전하결합소자라고 부르기도 한다. CCD는 여러 개의 커패시터가 쌍으로 상호 연결되어 있는 회로로 구성되어 있고, 회로 내의 각 커패시터는 축적한 전하를 전달한다. CCD 칩은 매우 많은 광다이오드들이 모여 있는 칩이라 할 수 있으며, 각 광다이오드에 광이 조사되면 광자(photon)의 양에 따라 전자가 생성된다. 광다이오드의 전자량이 각각 광의 밝기를 의미하며, 이와 같은 정보를 재구성하여 화면을 이루는 이미지 정보가 만들어진다.

CMOS 이미지 센서는 CMOS를 이용한 고체촬상소자이며, CCD 이미지 센서와 동일하게 광다이오드를 이용하지만, 제조과정이나 신호를 읽는 방법이 상이하다. 즉, CMOS 이미지 센서는 CCD 이미지 센서보다 범용의 반도체 제조 장치를 이용하기 때문에 생산단가가 저렴하고 소자의 크기가 작아 소비전력이 CCD의 1% 정도에 불과할 정도로 작고, 주변회로와 동일한 칩으로 통합하기 쉽다는 장점을 가진다. 따라서 CMOS형은 휴대폰이나 개인휴대단말기(PDA)용 카메라, 휴대용 디지털 카메라나 저가의 디지털 비디오 카메라 등에 적합하다.

광검출 방식에 있어서 CCD와 CMOS 이미지 센서는 모두 pn 접합 포토 다이오드를 사용한다는 공통점이 있지만, CCD와 CMOS는 포토 다이오드에서의 광검출을 통해 얻은 전자를 전달하는 회로에서 전혀 다른 방식을 채용하고 있다. CCD는 각각의 MOS 커패시터가 서로 이웃하여 배열하며, 이웃한 커패시터를 통해 저장된 전하 캐리어가 이동하는 방식이다. 그리고 CMOS는 제어회로와 신호처리회로에 주변회로로 사용하는 CMOS 기술을 이용하여 화소의 수만큼 MOS 순차적인 출력을 검출하는 스위칭 방식을 사용한다.

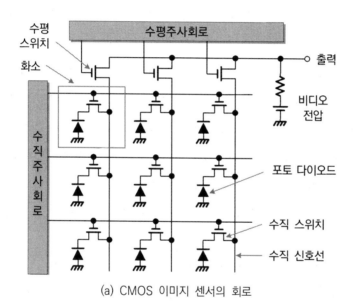

(a) CMOS 이미지 센서의 회로

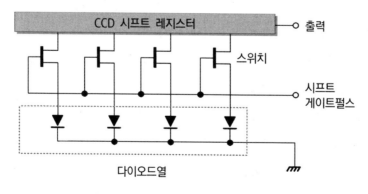

(b) CCD 이미지 센서의 회로

그림 4-10 ▎이미지 센서의 회로

4-12 적외선 센서

적외선은 파장이 가시광선보다 길고, 전자파보다 짧은 전자파의 일종으로 인간을 포함한 모든 자연계에 존재하는 물체에서 방출하며, 온도가 높은 것은 짧은 적외선을, 온도가 낮은 것은 긴 파장을 가진 적외선을 방출한다. 인간이 방출하는 적외선의 피크는 대체로 7 μm에서 14 μm의 파장 대역이며, 따라서 이러한 파장을 검출하기 위해서는 초전형 적외선 센서가 이용된다. 또한, 인간이나 대부분의 동물들은 어둠 속에서 물건을 식별할 수 없는데, 이는 인간의 눈이 가시광선에만 반응하기 때문이다. 그러나 자연계는 불가사의한 것이 많아서 어둠 속에서도 잘 볼 수 있는 동물들이 많이 있다. 예를 들어, 사자, 호랑이, 올빼미, 두더지 및 뱀 등은 희미한 빛에서도 물체를 볼 수 있도록 집광능력을 높이거나 적외선을 이용하여 볼 수 있다. 특히, 일부 뱀들은 적외선을 이용하여 볼 수 있기 때문에 주위가 어둡더라도 먹잇감을 노획할 수 있다.

적외선 센서에는 여러 가지 종류가 있지만, 크게 나누면 양자형과 열형(초전형)으로 분류한다. 양자형 적외선 센서로는 광기전력 효과를 응용한 포토 다이오드, 태양전지 및 광도전 효과를 이용한 CdS셀 등이 있다. 그리고 열형 센서로는 열기전력 효과를 이용한 서모파일과 초전 효과를 응용한 PZT가 있다. 열형 적외선 센서를 대표하는 것으로 초전 효과가 있지만, 이는 검출 감도의 파장 의존성이 없고, 센서부의 냉각을 필요로 하지 않기 때문에 사용하기 용이한 소자라 할 수 있다. 그러나 검출 감도가 낮고, 응답특성이 늦다는 단점을 가진다.

반면에 양자형 적외선 센서는 검출 감도가 매우 높고, 응답특성이 빠르다는 특징을 가진다. 그러나 검출감도에서 파장의 의존성이 있고, 장파장의 중적외선 영역에서는 센서에 냉각을 필요로 한다는 결점을 갖는다. 그러므로 적절한 센서를 선택하기 위해서는 사용 목적과 요구되는 정밀도 등 여러 조건을 고려하여야 한다.

그림 4-11은 전자기파 중에서 적외선이 위치하는 것을 나타내고 있다. 그림에서 알 수 있듯이, 적외선 영역은 가시광선의 파장보다 약간 크며, 그 성질도 가시광선과 상당히 비슷하다. 특히, 적외선 리모콘이나 적외선 포토 인터럽터는 780nm에서 1.5 μm까지로 근적외선을 사용하고 있다. 따라서 근적외선용 센서는 가시광선에서 근적외선 영역까지 파장 감도를 가진 실리콘 포토 다이오드가 사용되고 있다. 현재 가정에서 많이 사용하고 있는 가전제품들은 리모콘으로 조작이 용이하도록 되어 있는데, 이러한 리모콘은 대부분 적외선을 이용한 것이며, 이외에 초음파를 이용하거나 전자기 유도를 이용한 것도 있다. 하지만 초음파 방식은 반사 등에 의한 오동작이 많아 잘 사용하지 않는다.

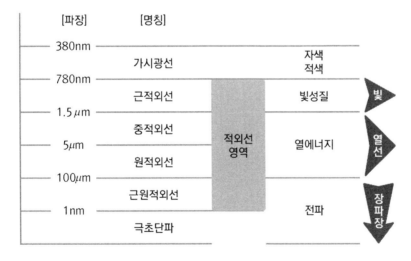

그림 4-11 ▌적외선과 전기자파 영역

CHAPTER

온도 센서

5-1 온도 센서의 개요

온도란 물체의 차고 따뜻한 정도를 수량으로 나타낸 것이며, 물리적으로는 원자 혹은 분자의 평균적인 운동 에너지의 크기와 자유도에 의해 정의된다. 온도는 대부분의 주변 환경에 직접 혹은 간접적으로 영향을 미치는 매우 중요한 물리량이라 할 수 있다. 온도를 감지하기 위해서는 열에너지를 전기 신호로 변환하는 기능을 가진 센서로 에너지의 일부가 본질적으로 전달되어야만 한다. 센서가 측정하고자 하는 대상 물체의 내부에 놓이거나 접촉되었을 때, 물체와 센서 사이에 열전달이 일어나고, 센서의 감지부는 온도가 올라가거나 혹은 내려가 상호간에 열 교환을 하게 된다. 동일한 열전달현상이 복사에 의해서도 일어나며, 적외선 형태의 열에너지가 센서에 흡수된다. 이와 같이 온도의 감지는 전도, 대류 및 복사 현상에 의해서도 적용된다.

Kelvin경은 "측정할 수 없는 것은 관리할 수 없다."라고 말하였다. 이제, 온도를 측정하기 위한 역사를 살펴보면, BC 150년경에 알렉산드리아의 Hero는 공기역학을 기술하면서 열의 영향을 고려하였고, 1575년 F. Commandine은 열의 측정에 대한 이론으로 공기가 열을 받으면 팽창하고 식으면 수축한다고 기술하였다. 1603년 G. Galilei는 열거울(thermoscope)을 이용하여 온도의 상승으로 공기가 팽창하는 원리를 이용하여 온도를 측정할 수 있다고 하였다. 그리고 Galilei의 수제자였던 B. Castelli는 스승의 이론을 토대로 갈릴레오 온도계를 발명하였는데, 두 개의 유리관에 반쯤 뜨는 공을 집어넣고 서로 다른 온도를 유지하여 온도의 비중에 따라 변하는 공의 높이를 측정하였다.

18세기 초반에는 D.G. Fahrenheit와 A. Celsius가 얼음과 물의 비등점을 바탕으로 기준점을 정하여 온도의 눈금을 표시하였다. 스웨덴의 천문학자인 Celsius는 물의 빙점과 비등점을 100등분하여 섭씨온도를 정하였고, Fahrenheit는 얼음과 소금 혼합물이 어는 온도(32°F)와 비등점(212°F)을 180 등분하여 정리하여 화씨온도를 결정하였다.

현재 섭씨온도와 화씨온도는 모두 널리 통용되고 있지만, ISO에서는 섭씨온도를 기준으로 정하고 있다. 한편, 분자의 열운동을 고려하는 공학 분야에서는 섭씨온도보다 절대온도를 많이 사용하고 있는데, 1850년 영국의 물리학자인 Kelvin이 열역학적인 온도를 기술하면서 절대영도를 −273.15°C로 하여 섭씨온도와 동일한 눈금으로 정하였다.

이외에 영국의 온도단위로 W.J.M. Rankine이 제안한 란씨온도와 프랑스의 물리학자인 R.A.F. de Reaumur가 제안한 열씨온도가 있다. 란씨온도는 화씨온도의 460°F를 절대영도(0°R)로 사용한다. 열씨온도는 1기압 하에서 얼음의 온도 0°Re와 비등점 80°Re로 정한 것이다. 이후, 1821년 러시아 태생의 독일 물리학자인 T.J. Seebeck은 서로 다른 금속을 한 쪽을 접합하고 반대편의 끝에 온도를 다르게 만들면 전압이 유기되는 현상을 알게 되었고, 이것이 바로 저항 온도계와 열전대를 만드는 계기가 되었다. 1834년에는 J.C. Peltier가 Seebeck의 열전대를 실험하여 열을 전기신호로 변환하거나 반대로도 가능하다는 것을 발견하였다. 그리고 1861년에는 W. Siemens가 백금선으로 최초의 저항 온도계를 제작하였고, 20세기 중반 이후로 반도체 기술이 발전하면서 Si 반도체의 다이오드나 트랜지스터의 온도특성을 이용하여 다양한 온도센서가 개발되었다.

온도의 측정은 크게 접촉형과 비접촉형 온도센서로 나눌 수 있는데, 접촉형은 측정하고자 하는 대상물에 접촉하여 열적으로 평형상태를 형성하는 방식이다. 비접촉형은 측정 대상물이 방출하는 열방사를 원격으로 관측하기 때문에 관측 장소에서 측정 대상물이 충분히 보이는 것으로 측정 파장의 방사에 대해 관측 경로가 투명하여야 한다.

5-2 온도 센서의 분류

온도의 측정은 크게 접촉형과 비접촉형 온도센서로 나눌 수 있고, 접촉형 온도센서의 감지부는 측정하고자 하는 대상물에 공간적으로 접촉하여 열적으로 평형상태를 형성하는 방식이다. 따라서 접촉형은 열전도율이 높고, 열감도가 좋아야 한다. 또한, 감지부와 외부 회로 사이에 접촉에서는 전기 저항이 작고, 가능한 한 열전도율이 낮아야 한다. 단점으로는 움직이는 물체의 온도를 측정하기 어렵고, 열용량이 적은 대상물에서 검출소자의 접촉에 의한 측정량의 변화가 발생하기 쉽다는 것이다. 측정 온도범위는 1,000℃ 이하에서 가능하며, 응답속도가 느리다는 결점을 가진다.

대표적인 비접촉형 온도센서는 열복사센서이다. 즉, 비접촉형은 측정 대상물이 방출하는 열방사를 원격으로 관측하기 때문에 관측 장소에서 측정 대상물이 충분히 보이는 것으로 측정 파장의 방사에 대해 관측 경로가 투명하여야 한다. 그리고 비접촉형의 특징으로는 검출 소자의 접촉이 필요하지 않기 때문에 측정으로 인해 측정량의 변화가 거의 없고, 움직이는 대상물의 온도 측정도 용이하다는 것이다. 단점으로는 접촉형 온도센서에 비해 가격이 비싸며, 장치가 비교적 복잡하다는 점이다. 대체로 1,000℃ 이상의 고온 측정에 적합하고, 주로 대상물의 표면 온도를 측정하기 때문에 응답속도가 매우 빠르다.

이와 같은 두 종류의 센서 사이에 차이점을 살펴보면, 접촉형의 경우는 열전도에 의해 감지되지만, 비접촉형의 경우에는 복사를 통해 감지된다. 열복사센서의 시간 응답을 개선하기 위해서는 감지부의 두께는 최소화하여야 하고, 감도를 증진하기 위해서는 감지부의 단면적을 최대화해야 한다. 또한, 비접촉형 센서는 빛의 통로인 창문을 만들어 주어야 하고, 소자의 내부는 건조한 공기나 질소 가스를 채운다.

　표 5-1에서는 접촉형과 비접촉형의 온도센서를 분류하고 있다. 접촉형의 온도센서로는 바이메탈, 저항체 온도센서, 서미스터, 열전대 등이 있고, 비접촉형으로는 방사온도계와 광 바로미터 등이 있다. 온도센서의 소재는 자연계의 모든 재료들이 온도에 의존하기 때문에 센서로 이용할 수 있지만, 가능한 온도에만 의존하여 동작하는 것이 좋으며, 압력, 전계와 자계 등 다른 요소에 대해 안정한 특성을 가져야 한다.

　이상적인 온도센서는 측정범위가 매우 넓고 소형으로 정확하여야 하며, 또한 가격이 저렴하여야 한다. 그러나 여러 적용분야에서 이러한 이상적인 온도센서는 존재하기 어려우며, 사용 환경이나 용도에 알맞은 것을 선택하여 사용할 수밖에 없다. 실제로 다양한 분야에서 온도센서를 사용하면서 고려하여야 할 요소로는 검출방식, 온도측정 방식, 측정 감도, 응답속도, 센서의 크기, 내환경성, 신뢰성, 안전성 및 가격 등이 있다.

표 5-1 ▌동작원리에 따른 광센서의 분류

	열팽창식	➡	바이메탈, 알코올 온도계
	열기전력식	➡	열전대
접촉형	전기저항식	➡	백금, 니켈, 구리 측온저항체
			서미스터
	반도체식	➡	pn 접합형 온도센서
	자기식	➡	감온 페라이트, 아모퍼스 저항체
	탄성식	➡	초음파, 수정 온도계
	방사형	➡	광고온계, 방사온도계, 색온계
비접촉형	열선형	➡	적외선 온도센서, 초전형 온도센서
	광전형	➡	광전관 온도계

5-3 열전달

열은 온도 차이에 의해 한 시스템에서 다른 시스템으로 전달되는 에너지의 형태로 정의하며, 열전달은 에너지 전달의 시간에 대한 변화를 분석한 것이다. 즉, 열에너지의 흐름을 의미한다. 열전달의 목적은 시스템으로 혹은 시스템으로부터 열전달율을 산출하고, 냉각이나 가열에 소요되는 시간과 온도변화를 구하는 것이다.

열은 열에너지라고도 부르며, 간단하고 직관적인 방식으로 분자 혹은 원자 집합의 내부 운동 에너지로 볼 수 있다. 기체의 경우, 열은 분자의 평균 속도와 밀접하게 관련되며, 다중 원자 분자의 경우, 분자 내에 원자의 회전이나 진동도 고려하여야 한다. 온도는 열에너지 개념과 바로 연결되며, 이는 열에너지가 동일한 시스템은 온도 역시 동일하기 때문이다. 액체의 경우도 기체와 유사하지만, 고체의 경우에는 다르게 해석되는데, 이는 분자가 자유롭게 움직일 수 없기 때문이다. 여기서, 내부 운동 에너지는 소위 포논(phonon)으로 저장되며, 이는 고정된 격자 위치에 원자의 움직임이나 진동을 의미한다. 일부 고체에서 전자도 자유롭게 움직일 수 있으며, 열에너지를 저장할 수도 있다. 단순한 확산은 어떤 영역에서 열이 과도하게 존재하는 경우, 열은 열평형상태에 도달될 때까지 열이 적은 영역으로 흐르게 된다.

시스템의 내부 에너지는 열에너지와 위치 에너지로 구성되며, 위치 에너지는 분자 사이의 평균 거리와 관련된 에너지이다. 압력이 일정한 시스템의 경우에 재료의 온도를 1 K 증가하기 위해 요구되는 열인 비열(specific heat)은 다음 식과 같이 정의된다.

$$c_p = \left(\frac{dH}{dT} \right)_p \tag{5-1}$$

상기 식에서 T는 절대 온도(K)이다. 엔탈피(enthalpy) H는 압력 p와 부피 V의 곱에 내부 에너지 E를 합한 것으로 정의한다. 고체의 경우, 비열은 고온에서 $3R_o$(J/K·mol)의 상수값에 접근한다. 여기서 R_o는 일반 기체 상수이며, $3R_o$는 대략 25 J/K·mol이다. 대부분의 고체 밀도는 부피당 원자 수로 협소한 대역에 있기 때문에 J/K·m^{3}으로 표현된 비열의 값은 J/K·mol로 나타내기보다 훨씬 가깝다. 이는 구조물의 열 용량 C_{th}를 추정할 경우에 중요하다. 열 용량은 주어진 시스템의 온도를 1K 증가시키는데 필요한 열로 정의할 수 있으며, 시스템의 질량 m과 비열 c_p의 곱($C_{th} = c_p m$)과 같다. 아날로그 전기회로에서 열 문제를 분석할 경우에 열 용량은 전기 용량과 흡사하다.

이미 기술한 바와 같이, 열은 온도차에 의해 한 시스템에서 다른 시스템으로 전달되는 에너지의 형태라고 정의되었다. 열역학적 해석은 시스템이 어떤 평형상태에서 다른 평형상태로 변하는 과정에서 발생하는 열전달의 양을 다루고 있다. 반면, 이러한 에너지 전달 과정의 시간에 따른 비율을 연구하는 학문이 바로 열전달이다. 크게 열은 전도, 대류, 복사의 세가지 방식으로 전달되며, 이들에 대해 다음 절부터 자세히 기술한다.

열전달의 방식은 형태가 고정된 매개체를 이용한 전도 열전달과 이동하는 매개체를 통한 대류 열전달로 구분할 수 있으며, 또한 전기자파 형태로 매개체 없이 전달하는 복사 열전달도 있다. 이와 같이 열전달은 세가지 물리현상을 이용하여 정의할 수 있다. 열전도율은 어떤 물질에서 열이 얼마나 빨리 이동하는 지를 나타내는 척도이며, 열전도율이 클수록 열이 잘 전달되는 물질이라는 의미이다. 이는 분자의 진동을 통해 열이 전달되기 때문에 밀집도가 높은 고체 > 액체 > 기체 순으로 나타난다.

5-4 전도

물질에 온도 구배(기울기)가 존재하면, 열은 더 뜨거운 영역에서 더 차가운 영역으로 흐르게 되고, 이러한 열 흐름은 온도 구배에 비례하게 된다. 열 흐름은 x방향으로 표현하면 다음과 같다.

$$P^{''} = -k\frac{dT}{dx} \tag{5-2}$$

상기 식에서 k는 열전도율(단위는 $W/K \cdot m$)이다. 열 전달은 분자, 전자, 또는 포논의 확산에 의해 수행된다.

기체 중에 전도 현상을 살펴보면, 분자 확산에 의한 가스의 열전도율은 온도에 따라 다르지만, 압력과는 매우 독립적이다. 대부분의 기체 중에 열전도율은 15~30 $mW/K \cdot m$ 정도이고, 라돈(radon)과 크세논(xenon)의 경우에는 4~6 $mW/K \cdot m$로 가장 낮은 편이며, 수소는 $185mW/K \cdot m$로 가장 높다. 거리 d로 평행한 두 표면 사이의 전도에 대한 열전달계수 $G^{''}(W/K \cdot m^2)$는 다음과 같다.

$$G^{''}_{dense\,gas} = \frac{k}{d} \tag{5-3}$$

분자 간의 충돌 사이의 평균자유경로가 표면 사이의 거리보다 훨씬 큰 시스템에서 열전달이 발생하는 경우(즉, 저압에서 미세가공 구조라면)상황이 달라진다. 그런 경우에 열전달은 대체로 기체 대신에 개별 분자에 의해 수행된다. 열전달은 분자밀도 $\rho(kg/m^3)$에 바로 비례하며, 즉 절대 압력 p에 정비례한다. 낮은 압력에서 열전달계수는 다음과 같은 식으로 근사한다.

$$G^{''}_{low\,pressure} = G^{''}_o \frac{p}{p_o} \cong \rho c_v u_{mol} \tag{5-4}$$

여기서, G_o'' 는 기준 압력 p_o 에서 열전달계수이고, c_v 는 일정한 부피에서 비열이며, u_{mol} 은 평균분자속도이다. p_o =1 Pa일 경우, G_o'' 는 일반적으로 공기와 같은 기체에서는 1 $W/K \cdot m^2$ 정도이다.

전체 압력 범위에서 유효한 일반화된 공식은 다음과 같다.

$$G_{mediate\,pressure}'' = \frac{G_o''(p/p_o)(k/d)}{G_o''(p/p_o)+k/d} \tag{5-5}$$

거리가 약 300 μm 인 대표적인 미세구조에서 k 가 0.03 $W/K \cdot m$ 이고, G_o''/p_o 가 1 $W/K \cdot m^2$ Pa라면, $G_o''\,p/p_o$ 와 k/d 가 동일한 압력은 100 Pa 정도이다.

다음으로 고체 중에 전도 현상을 살펴보면, 고체에서 열전도율은 두 가지 메커니즘으로 수행되는데, 하나는 기체 전도와 유사한 전자 전도이며, 금속이나 매우 농도가 높은 축퇴반도체에서 발생한다. 정상 온도의 순수한 금속 결정에서 열전도율은 온도에 무관한다. 실제 금속은 온도에 따른 k 의 아주 작은 변화만을 나타낸다. k 의 절대값은 순수 결정질 금속의 경우에 100~400 $W/K \cdot m$ 이고, 대부분의 합금의 경우는 20~100 $W/K \cdot m$ 정도이다.

두 번째 메커니즘은 대부분의 금속에서 발생하는 포논에 의한 열전달이다. 순수한 결정에서 포논에 의한 열전도율은 매우 높으며, 이는 포논이 물질에 흩어지기 전에 매우 긴 경로를 가지기 때문이다. 실온에서 가장 잘 알려진 열전도체인 다이아몬드와 실리콘의 k 은 각각 660과 150 $W/K \cdot m$ 이다. 비정질 물질에서는 전자와 포논이 멀리 이동할 수 없기 때문에 열전도율이 매우 낮다.

그리고 액체 중에 전도 현상을 살펴보면, 액체 중에서 간단한 모델은 존재하지 않는다. 열전도율은 일반적으로 기체와 고체 사이의 값을 가지는 것으로 알려져 있다.

5-5 대류

흐르는 유체에 대한 열전달은 열 감지 이론에서 가장 어려운 문제이다. 따라서 너무 세세한 부분까지 다루기는 쉽지 않으며, 이는 해석하는데 매우 힘들기 때문이다. 열전달을 특성화하기 위해 몇 가지 주요 매개 변수를 소개할 것이다. 유체의 경우, 액체 중에 덩어리나 원소의 움직임에 의해 열이 전달될 수 있으며, 특정 온도에서의 질량은 열의 양을 나타내기 때문에 물질의 이동은 바로 열의 이동을 의미한다. 외부에서 강제로 유체의 운동을 일으키는 경우, 이를 강제 대류라고 한다. 온도의 차이로 인해 유체의 운동을 유발하는 경우는 자유 대류 혹은 자연 대류(natural convection)라고 한다. 사실 작은 구조물에서 자유 대류는 일반적으로 중요하지 않다.

흐름은 층류(laminar flow)와 난류(turbulent flow)로 구분한다. 낮은 유속이 주류를 이루는 층류의 경우, 유체 운동은 규칙적인 유선에 따라 발생하게 된다. 난류 중에 강하게 변하는 흐름의 구성은 평균 흐름의 형태를 중첩하며, 더 높은 흐름의 속도를 포함하여 불안정한 결과를 나타내기 때문이다. 이는 유체에서 열 교환이 강하게 일어나기 때문에 난류는 열전달을 증가시킨다. 흐름이 층류이거나 난류인 조건은 흐름의 속도, 흐름 형상과 유체의 재료 특성과 같은 여러 매개변수에 의해 결정된다.

열 구조의 동작을 고려하면, 일반적으로 전체 흐름에 대한 열전달을 연구할 필요는 없지만, 고체 표면에서 경계층으로의 열전달을 고려하게 된다. 분자 상호작용으로 인하여 표면의 유체는 표면에 부착되어 온도가 변하게 되며, 표면 근처의 경계층에서 속도와 온도는 변한다.

그림 5-1에서는 경계층에서 유속과 온도의 프로파일을 나타낸다. 경계층에서 유체의 속도는 표면에서부터 y 방향으로 자유 흐름의 유체까지 변

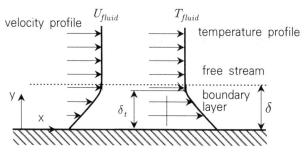

그림 5-1 ▎경계층에서 속도와 온도 프로파일

하게 되며, 경계층의 유체 온도는 표면에서부터 자유 흐름의 유체 온도까지 변한다. 대부분의 유체에서 점도와 열전도도는 매우 낮기 때문에 경계층은 매우 얇고 흐름에 크게 영향을 주지 않는다.

그림 5-2(a)에서는 외부에서 가열한 경우에 경계층은 실선으로 나타난다. 기계적 및 열적 경계층의 두께는 가장자리에서부터 거리에 따라 증가한다. 그림 (b)에서는 초기에는 가열하지 않다가 이후에 가열하는 부분이 있을 경우, 열 경계층은 가열하는 부분에서부터 발생하게 된다. 열전달계수 G''는 표면에서부터의 열 유량 P''와 벽과 자유 흐름 사이의 온도 차이의 비율로 정의된다.

$$G'' = \frac{P''_{wall}}{T_{wall} - T_{free\,stream}} = \frac{k}{\delta_t} \tag{5-6}$$

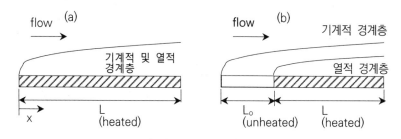

그림 5-2 ▎외부 열에 의한 층류의 열전달

5-6 복사

  물체가 열을 교환할 수 있는 세 번째 방법은 열 복사를 방출하거나 흡수하는 것이고, 복사는 본질적으로 전기자파이다. 키르히호프 법칙(kirchhoff's law)은 복사가 표면에 입사하면, 흡수, 반사 및 투과된 복사의 합이 각 파장에 대한 총 입사된 복사와 같다는 것이다. 흡수되는 복사의 비율이 흡수율 α이며, 이는 복사 파장의 함수이며, 모든 복사를 흡수하는 물체를 흑체(black body)라고 한다. 키르히호프 법칙에 따르면, 각 파장에 대해 방출률 $\epsilon(v)$는 흡수율 $\alpha(v)$와 같다. Stefan- Boltzmann 법칙은 흑체가 방출하는 전력이 다음 식과 같다는 것을 명시한다.

$$P_{rad}^{''}(T) = \epsilon\,\sigma\,T^4 \tag{5-7}$$

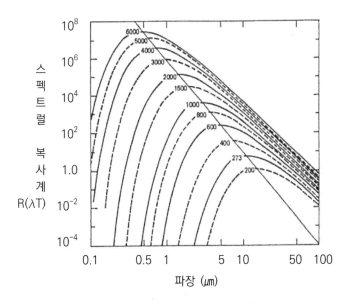

그림 5-3 ▌흑체의 스펙트럴 복사계

여기서, $P_{rad}^{''}(T)$는 물체에서 방출되는 총 열유속(heat flux)이고, ϵ는 표면의 방출률(흑체는 $\epsilon = 1$)이며, σ는 Stefan-Boltzmann 상수로 $\sigma = 56.7 \times 10^{-9} \ W/m^2 K^4$이다. 그림 5-3은 절대 온도에서 흑체의 분광 복사계를 나타내며, 이는 지정된 온도에서 흑체가 방출하는 전력을 의미한다. 그림에서 대각선은 Wien의 변위 법칙이며, 곡선의 최대점에서의 파장은 절대 온도에 반비례한다.

상기 식 (5-7)에서 적외선 복사에 의한 열전달을 위해 두 평행판 사이의 에너지 교환을 계산할 수 있다. 한쪽 판의 온도가 T(300 K)이고 다른 판의 온도는 미세하게 높은 T+ΔT이라면, 식에서 급수 확장은 뜨거운 판에서 차가운 판으로 수수한 열전달이 일어나고 다음과 같이 표현한다.

$$G_{rad}^{''}(T) = 4\epsilon\sigma T^3 = \epsilon \times 6 \ W/K \cdot m^2 \tag{5-8}$$

그러나 실리콘은 1.1 μm 이상의 파장에서 적외선 복사에 대해 다소 투명하고, 실온 300 K의 경우, 적외선 복사는 그림 5-3에서 나타내듯이 약 10 μm에서 최대값을 갖는다. 따라서 실리콘 미세구조는 적외선 복사에 대한 유효 방출률과 흡수율이 1보다 매우 낮아 대략 0.1~0.3 정도이다. 그러므로 대부분의 실리콘 센서에서는 열복사에 의한 열전달을 무시할 수 있다.

적외선 센서에서 센서는 적외선 복사를 측정하려는 물체를 창을 통해 관찰한다. 센서의 감지 면적을 A_{sen}라고 가정하고, 표면에서 충분히 떨어진 거리에서 물체의 면적 A_{ob}를 관찰하면, 센서와 물체 표면은 서로 완전히 평행할 것이다. Lambert의 법칙에 따라 물체에서 센서까지의 순 열전달(net heat transfer)은 다음과 같다.

$$P = \epsilon\sigma A_{sen} A_{ob} \frac{(T_{ob}^4 - T_{sen}^4)}{\pi d^2} \tag{5-9}$$

여기서, 센서는 검은색이고 물체는 방출률이 $\epsilon \leq 1$인 회색이다.

5-7 열 구조

실용적인 센서의 구조에서 열 효과는 센서와 상호작용하는 물리적인 효과에 의해 센서에서 유도된다. 센서의 감도와 정밀도는 가능한 높아야 하며, 연결부에서의 열 누출이나 자체 발열 효과 등과 같은 다른 물리적인 효과에 의한 영향은 최소화하여야 한다.

일반적으로 알려진 몇 가지 매개변수에 의해서만 동작되도록 구조를 설계하여야 한다. 매개변수를 알 수 없다면 그로 인한 영향을 무시한다. 따라서 열 구조의 설계는 간단할수록 좋으며, 간단한 모델링으로 설명하는 것이 바람직하다. 열 구조 모델의 근사치와 가정의 타당성은 시뮬레이션과 실험의 결과로 비교하여 확인할 수 있다. 온도 센서에서 열 신호는 센서가 설치된 본체의 소재에 나타난 온도이며, 대부분의 온도 센서는 자체 온도를 측정하기 때문에 특정 본체의 온도를 측정할 때에 센서와 본체 사이의 열 접촉 상태가 양호하여야 한다.

열 구조를 선택하고 최적화할 경우, 열 감지 영역은 매우 중요한 요소이며, 이는 열저항과 정전용량에 영향을 미치기 때문이다. 예로써, 미세가공 구조에서 트랜지스터, 다이오드와 저항의 연결 단자는 주변과 감지 면적 사이에 연결부의 열저항에 거의 영향을 미치지 않기 때문에 가능한 얇고 길게 만들 수 있다. 반면에 열전대는 센서의 뜨거운 영역과 차가운 영역 사이의 열 접촉이나 감지 요소를 모두 형성하며, 주변과 감지 부위 사이의 열저항에 직접적으로 영향을 미친다. 센서 구조에서 중요한 설계 측면은 센서의 기초인 물리적 변환 과정이며, 또 다른 중요한 측면은 센서 칩의 패키지이다. 즉, 센서가 혹독한 조건에 노출될 것인지 아니면 밀봉될 것인지를 결정하여야 한다. 따라서 센서의 구조는 사용하거나 생산하는 과정에서 매우 중요하며, 수율이나 가격과 같은 중요한 설계 기준에 영향을 준다.

그림 5-4에서 나타나듯이, 임의의 균일한 단면을 가진 물체의 축방향으로 흐르는 열 흐름을 살펴보면, 길이 L에 균일한 단면적이 A이고, 양단에 온도 차이가 $\Delta T = T_1 - T_2$라고 고려한다. 정상상태에서 온도 분포는 $\Delta T / L$과 같은 일정한 온도 기울기로 주어진 경우, 막대를 통과하는 총 흐름은 $kA\Delta T/L$이다. 따라서 이러한 구조에서 열저항(R_{th})은 다음과 같다.

$$R_{th} = \frac{L}{kA} \qquad (5\text{-}10)$$

상기 식은 막대, 판 혹은 와이어와 같은 균일한 단면적을 갖는 모든 종류의 구조에서 1차원 열 흐름에 적용할 수 있다. 예로서, 그림 5-4(a)와 같이 길이 L, 폭 W, 두께가 D인 직사각형 단면을 가진 평판에서의 열저항은 다음과 같다.

$$R_{th} = \frac{L}{W}\frac{1}{kD} \qquad (5\text{-}11)$$

만일 길이 L과 폭 W가 동일한 정사각형의 평판이라면, 열저항은 $(kD)^{-1}$이며, 이를 평판의 열 면저항(thermal sheet resistance)이라고 부른다.

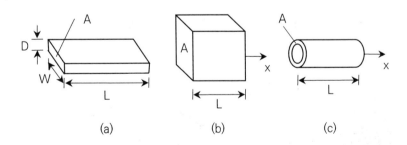

그림 5-4 ▮ 축방향으로의 1차원적 열 흐름

5-8 열 감지 소자

열 감지 소자(thermal sensing devices)는 온도 센서의 중요한 부분을 형성한다. 집적화 센서의 경우, 다이오드와 저항이 편의상 가끔 사용되지만, 사실 열전대와 트랜지스터가 주요 요소이다. 열전대는 오프셋 없이 온도 차이를 측정할 수 있다는 이점이 있지만, 절대 온도를 측정할 수는 없다.

열 감지 소자는 열 에너지를 전기 에너지로 변환하는 성질을 이용하여 온도를 측정하는 소자이며, 온도센서를 만들기 위해 적어도 두 개의 동일하지 않은 도체가 요구되기 때문에 열전대(thermocouples)라고 부른다. 열전대는 −270°C 이하에서부터 약 2,800°C까지의 넓은 온도 범위에서 0.1~1% 정도의 정확도로 측정할 수 있으며, 출력에서 측정을 위한 회로가 간단하고 잡음이 작으며 낮은 임피던스를 가진다. 근본적으로 열전대는 서로 다른 두 종류의 양끝의 접점에 온도차에 의해 유발되는 기전력으로 전류가 흐르는 열전현상을 이용하는데, 열전효과는 3종류로 구분하며, 이는 Seebeck 효과, Peltier 효과 및 Thomson 효과이다.

1821년 독일의 물리학자인 T.J. Seebeck이 두 개의 서로 다른 금속인 구리와 안티몬을 접합하여 회로를 구성하고, 한쪽의 접점에 열을 가하면

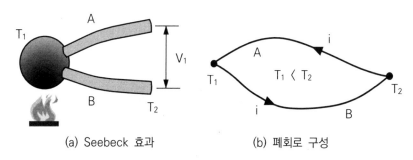

(a) Seebeck 효과   (b) 폐회로 구성

그림 5-5 ▌Seebeck 효과의 원리

기전력이 발생하는 현상을 발견한 물리적인 효과이다. 그림 5-5는 Seebeck 효과를 나타내고 있는데, 이때 기전력의 크기는 온도에 따라 의존하며, 두 접점의 온도차가 있는 동안 전류가 계속 흐르게 된다. 즉, 접점의 온도가 다르면 고온접점에서의 기전력이 저온접점에서의 기전력보다 크기 때문에 도선으로 전류가 흐르게 된다. 그림 (b)에서와 같이 두 금속 도선으로 폐회로를 구성하여 양 접점에 온도차가 없으면 전위차가 없지만, 양단 사이에 온도차가 발생하면 접촉 전위차의 불평형으로 열전류가 이동하게 된다.

1834년 J.C.A. Peltier는 Seebeck 효과의 역현상으로 두 개의 서로 다른 금속 도선으로 회로를 구성하고, 외부 전원으로부터 전류를 흐르게 하면, 한쪽 접점은 열을 발생시키고 다른 쪽은 열을 흡수하는 현상을 발견하였다. 그림 5-6은 Peltier 효과의 원리를 나타내고 있다. 1851년 영국의 W. Thomson이 발견한 Thomson 효과는 동일한 도체 혹은 반도체의 한쪽에 열을 가하면 도체 내에서 온도차에 의한 온도 구배가 발생하며, 이로 인해 전류가 흐르게 되어 주울열 이외에 열 발생이나 혹은 열 흡수가 일어난다. 도체의 도선을 따라 높은 온도에서 낮은 온도로 열전도 현상도 일어나며, 하나의 균일한 도선을 따라 온도 구배가 나타나면 기전력이 발생하게 된다.

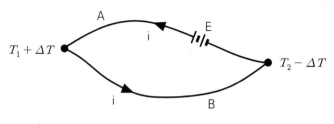

그림 5-6 ▌ Peltier 효과의 원리

5-9 열전대 회로법칙

열전대를 이용하여 온도와 기전력 사이에 관계를 이해하고 적용하기 위해 회로 특성을 다음 회로법칙으로 설명한다. 그림 5-7에서 나타나듯이 서로 다른 두 개의 금속 도선 중에 한 금속에 또 다른 금속을 연결하여 두 접점 사이에 온도가 동일하면 중간 금속의 회로 내에 삽입으로 인하여 도선에서 기전력에는 아무런 영향이 없다. 즉, 서로 다른 금속으로 이루어진 열전회로에서 열기전력에 대한 대수적인 합은 회로의 어느 부분에서든지 온도가 동일하면 항상 0이다. 이와 같은 중간 금속의 법칙은 열전대의 기본 원리인 온도의 균일 혹은 불균일의 차에 의한 것이다.

그림 5-8은 중간 온도의 법칙을 나타내는 원리도이다. 그림에서와 같이, 열전대 회로에서 양쪽 끝단의 접점에서 온도가 각각 T_1, T_2라고 할 때, 발생하는 기전력을 E_1라고 하고, 또한 이웃하는 회로의 접점에서 온도를 각각 T_2, T_3일 때에 발생하는 기전력을 E_2라고 하면, 전체 양단의 접점에서 온도가 T_1과 T_3일 때, 유효기전력은 $E_1 + E_2$가 발생한다. 이와 같은 법칙을 이용하면, 온도를 알고 있지만 직접적으로 조정할 수 없는 2차 접점에 대한 직접보정을 가능하게 할 수 있으며, 접점이 실제로 표준온도가 아니더라도 표준 냉접합온도(0℃)를 기준으로 열전대표를 사용하는 것이 가능

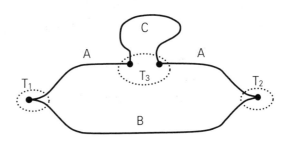

그림 5-7 ▌ 중간 금속의 법칙 원리도

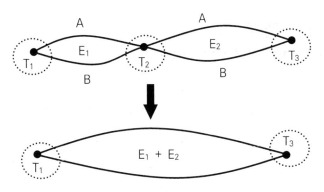

그림 5-8 ▮ 중간 온도의 법칙 원리도

하다. 즉, 이러한 법칙은 한쪽에서 기준 접점의 온도를 유지하고 교정된 열전대를 다른 온도에서 기준 접점으로 유지하여 사용하게 되면, 열전 회로의 출력을 해석할 수 있다는 것이다.

그림 5-9는 내부 온도의 법칙을 나타내고 있는데, 그림에서와 같이 두 개의 서로 다른 금속 A, B로 구성한 회로에서 접점의 온도를 각각 T_1, T_2 라고 할 때, 금속도선 내에 임의의 지점에서 나타나는 가열온도 T_3, T_4에 의해 금속도선을 통해 나타나는 온도구배나 혹은 분포는 기전력에 아무런 영향을 주지 못한다. 즉, 균일한 금속도선으로 구성한 회로에서 모양이나 부분적인 온도분포에 의해 열전류는 발생하지 않고, 기전력에 영향을 주지 않는다는 것이다.

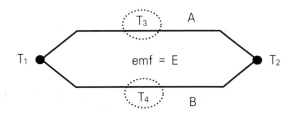

그림 5-9 ▮ 내부 온도의 법칙 원리도

5-10 열전대의 구성

열전대는 두 개의 금속을 접속한 양단에 온도차를 주면 열기전력이 발생하는 Seebeck 효과를 이용하며, 공업용으로 가장 많이 사용하고 있다. 그림 5-10은 금속 도선 A와 B를 연결하여 구성하고 두 개의 접점 사이에 온도차를 주면, 열기전력이 발생하여 열전류가 흐르는 Seebeck 효과를 이용한 열전대의 구성을 나타낸다. 이때, 발생하는 열기전력은 두 종류의 금속과 접점 사이의 온도차에 의해 결정되며, 금속의 모양이나 크기, 도선 사이에 온도 변화에는 아무런 영향을 받지 않는다.

열전대는 도체나 반도체에서 온도차 ΔT에 따라 전압 ΔV가 결정되는 열전 Seebeck 효과에 기반한다.

$$\Delta V = \alpha_s \Delta T \tag{5-12}$$

여기서 α_s는 V/K로 표현되는 Seebeck 계수이며, 사용되는 재료와 연관된 재료 상수이다. 서로 다른 Seebeck 계수를 가진 두 개의 와이어를 선정하여 동일한 온도 구배가 일어나면, 와이어를 통해 얻어지는 전압은 다를 것이다.

Seebeck 효과는 페르미 에너지 E_F의 온도 의존성에 의해 발생하며, 비축퇴 n형 실리콘의 총 Seebeck 계수는 다음과 같다.

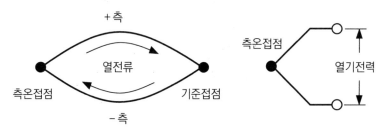

그림 5-10 ▌ 열전대의 구성

$$\alpha_s = -\frac{k}{q}\left[\ln\left(\frac{N_c}{n}\right)+2.5+s_n+\phi_n\right] \tag{5-13}$$

여기서 N_c는 전도대의 상태밀도이고, n은 전자밀도, k는 Boltzmann 상수이다. 그리고 s_n는 이완시간과 전하 캐리어 에너지 사이의 관계를 나타내는 지수이다. 한편 ϕ_n는 포논이 전하 캐리어를 결정의 차가운 부분으로 끌어당기는 포논 드래그 효과(phonon drag effect)를 나타내며, 고농도로 도핑된 실리콘의 경우에는 무시할 수 있다. 그러나 저농도로 도핑된 실리콘의 경우에는 실온에서 대략 5 정도이고, 낮은 온도(100 K)에서는 약 100까지 올라간다.

실제로 실리콘의 Seebeck 계수는 실온에서 전기 저항률의 함수로 나타나며, 다음과 같다.

$$\alpha_s = \frac{mk}{q}ln(\rho/\rho_0) \tag{5-14}$$

여기서 $\rho_0 \cong 5\times10^{-6}\,\Omega m$이고 $m \approx 2.5$인 상수이다.

표 5-2 ┃ 금속과 실리콘의 Seebeck 계수

재료	273 K	300 K
p형 실리콘		300~1,000
Sb	43[a]	
Cr	18.8	17.3
Au	1.79	1.94
Cu	1.70	1.83
Al		-1.7
Pt	-4.45	-5.28
Ni	-18.0	
Bi	-79[a]	
n형 폴리실리콘		-200~-500

[a] 0~100℃ 평균치

5-11 반도체 온도센서

　반도체 소자인 다이오드나 바이폴라 트랜지스터에서 pn 접합은 온도에 아주 민감하게 반응하는 특성을 가지므로 온도센서로 사용될 수 있다. 즉, 접합이 정전류 전원과 연결되면, 측정되는 전압은 접합의 온도와 관계된 다. pn 접합에서 순방향 전압과 트랜지스터의 컬렉터-이미터 사이에 일정 한 전류를 공급할 경우, 베이스와 이미터 사이에 나타나는 전압은 온도에 의존하여 변하게 된다. 이와 같이 반도체 온도센서는 반도체의 매우 흥미 로운 특징인 전압이 온도에 따라 거의 직선적으로 변하는 현상을 효과적 으로 이용한 것이다. 또한, 트랜지스터의 경우에 3 단자 소자이기 때문에 특성의 편차를 외부 회로에서 쉽게 보정할 수 있고, 센서를 IC화, 즉 고집 적화할 수 있다는 장점 등이 있다. 그리고 구체적으로 반도체 온도센서의 특징을 살펴보면, 직선성이 다른 온도센서에 비해 매우 우수하고, 측온 범 위(-55~150℃)가 서미스터에 비해 좁은 편이지만, 외부 조정을 많이 받지 않아 보정회로를 사용할 필요가 없어 사용이 편하다.

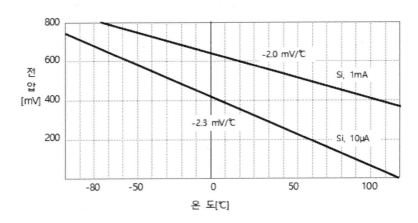

그림 5-11 ▌pn 접합의 순방향 바이어스 하에서 전압-온도 특성

전류 출력형과 전압 출력형으로 구분하며, 전압형의 경우에 출력이 매우 높고, 전류형의 감도는 1~3[$\mu A/\,℃$], 전압형은 10[mV/℃]이다. 그림 5-11 은 pn 접합의 순방향 바이어스 하에서 전압과 온도 사이의 특성을 나타내며, pn 다이오드에서 전류와 전압 사이에 특성은 다음 식으로 표현된다.

$$I = I_o \exp(qV/2kT) \tag{5-15}$$

여기서, I_o는 포화 전류이고, q 는 전자전하, k 는 Boltzmann 상수, T 는 절대온도이다. 상기 식을 온도에 의존한 식으로 다시 표현하면,

$$V = \frac{E_g}{q} - \frac{2kT}{q}(\ln K - \ln I) \tag{5-16}$$

이다. 여기서, E_g는 0 K에서 실리콘의 에너지갭이고, q 는 전자의 전하량이며, K 는 온도의 독립상수이다. 이 식으로부터 접합이 정전류의 조건에서 동작하면 전압은 온도에 선형적임을 알 수 있다.

$$b = \frac{dV}{dT} = -\frac{2k}{q}(\ln K - \ln I) \tag{5-17}$$

위의 식과 같이 온도에 따라 선형적으로 감소하는 전압을 의미하고 있으며, 역시 그림 5-11에서도 서서히 감소하고 있음을 쉽게 알 수 있다. 그리고 표 5-3은 아날로그 출력을 갖는 대표적인 반도체 온도센서의 특성을 나타낸다.

표 5-3 ▌ 대표적인 반도체 온도센서의 특성

종류	감도	정도	측정 온도범위
AD592CN	1.0[$\mu A/K$]	±0.5[℃]	$-25 \sim +105$[℃]
AD22100K	22.5[$mV/\,℃$]	±2.0[℃]	$-50 \sim +150$[℃]
LM35A	10.0[$mV/\,℃$]	±1.0[℃]	$-55 \sim +150$[℃]
LM62	15.6[$mV/\,℃$]	±2.0[℃]	$-10 \sim +125$[℃]
TC1046	6.25[$mV/\,℃$]	±2.0[℃]	$-40 \sim +125$[℃]

CHAPTER

자기센서

6-1 자기센서의 개요

자계의 측정은 지자기학, 항해기술 및 산업 분야에서 다양하게 응용되고 있고, 자계의 측정은 자력계(magnetometer)로 이루어진다. 아마도 최초의 자기센서(magnetic sensors)는 나침반으로 BC 2634년에 중국에서 사용된 것으로 추정되는데, 자침은 천연 자철광을 응용하여 제조하였고, 세계 최초의 나침반으로 기본적인 구조는 실에 고정된 자석이 수레에 걸려 방향을 유도하기 위해 사용하기도 한 것으로 알려져 있다. 그리고 1070년에는 나침반이 항해를 위해 최초로 중국에서 이용되었고, 1269년에 마르코 폴로가 중국으로부터 나침반의 이용기술을 익혀 유럽에 퍼지게 되었다. 자계는 지구의 가장 중요한 특성 중에 하나이고, 지구에서의 평균 자계세기는 0.5 gauss이다.

자기센서는 자계를 전기신호로 변환시키거나 비자기적 신호를 전기신호로 변환시켜주는 중간 매개체의 변환기 역할을 하는 센서이다. 따라서 자기센서는 자속이나 자계의 크기 측정, 방위 측정, 자기기록 매체의 데이터 읽기, 카드 혹은 지폐의 자성 무늬식별 등과 같은 직접 자장을 입력하여 전기적인 신호로 변환시키는 직접 자기센서와 전류, 전력, 위치 속도 등의 비자기적인 신호를 전기적으로 변환시키는 간접 자기센서로 구분한다. 자기센서는 자기적인 현상을 이용한 센서로 인류 역사와 매우 밀접한 관계를 가진다. 인류가 처음 나침반을 이용하여 방향을 인지하기 시작한 이래, 오늘날에는 인공위성에 이르기까지 자기센서는 많은 발전을 이룩하였다.

자기센서로는 전자유도 현상을 이용한 코일, 전류자기 효과를 이용한 Hall 소자와 자기저항 소자 등이 있다. 코일은 자기센서 중에서 가장 간단한 구조를 하고 있는데, 코일에 쇄교하는 자속이 시간적으로 변하게 되면 코일 양단에 기전력이 발생하고, 이를 전자유도 현상이라고 한다. 이와 같은 현상은 1831년 Faraday에 의해 처음 발견되었고, 자기 헤드와 자기포화소자 등은 전자유도 현상을 이용한 것이다. 또한, 전류자기 효과는 전자기기에서 많이 사용하는 자기센서로서 금속이나 반도체에 전류를 흐리고, 전류 방향에 대하여 수직으로 자계를 가해주게 되면 자계의 변화에 따라 출력이 변하는 현상이다. 전류자기 효과 중에 가장 널리 알려진 것이 Hall 효과이다. Hall 효과는 1879년 E. Hall이 처음으로 발견하였고, 이는 반도체에 전류방향과 자계방향이 수직으로 인가되면 이들에 수직하는 방향으로 전계가 형성되는 현상을 말하며, 이러한 효과의 기초 원리는 Lorentz 힘에 의한 편향이다. 반도체의 자기센서는 주로 전류자기 효과를 응용하며 고감도와 선형성을 갖는 특징이 있고, 고집적화가 가능하다. 또 다른 전류자기 효과는 자기저항 효과와 자기응축 효과가 있다. 자기저항이란 자계의 인가에 의하여 전기저항이 변하는 현상으로 1856년 W. T. Kelvin에 의해 발견되었다. 그리고 자기응축 효과란 전류방향과 자계의 방향에 대하여 수직방향으로 캐리어 농도의 기울기가 형성되는 현상이다.

따라서 대부분의 자기센서에 적용한 자기적 현상이 19세기에서 20세기 사이에 발견되어 지금은 새로운 원리를 이용한 자기센서의 개발보다는 새로운 소재나 센서의 설계 및 최적화 기술을 이용한 특성 향상에 많은 노력이 이루어지고 있다. 그리고 자기센서의 소형화, 고기능화를 위해 반도체 자기센서가 많이 이용되고, Hall 효과를 이용한 Hall 소자, 자기저항 효과를 이용한 자기저항 소자 및 자기응축 효과를 이용한 자기 다이오드 등 다양하게 개발되고 있다.

6-2 자기센서의 원리

자기센서의 범위는 매우 광범위하기 때문에 모든 자기센서에 적용되는 원리나 응용을 정확히 기술하기는 어렵지만, 자기센서에서 실제로 활용되고 있는 원리나 효과는 몇 가지로 분류할 수 있다. 표 6-1에서는 자기센서와 관련된 물리적인 현상과 센서들을 분류하여 나타내고 있다. 이제, 자기센서에 응용되고 있는 자기적 효과를 구체적으로 분류하여 다음과 같이 기술한다.

◎ 전자기 유도현상

1831년 Faraday는 코일에 쇄교하는 자속이 시간에 따라 변할 경우, 코일의 양단에서 기전력이 발생하는 전자기유도작용을 발견하게 되었다. 즉, 전자기 유도현상은 자속의 시간변화율에 비례하여 기전력이 발생하는 것으로 자기센서에서 가장 많이 사용하는 방식이다.

표 6-1 ▌자기센서와 관련한 물리적 현상

변환 항목	물리 현상	센서
자계 ↔ 전기	전류자기효과, 홀효과, 자기저항효과	Hall 센서, 자기저항센서, MR소자, 자기 트랜지스터, 자기 다이오드
자계 ↔ 변위 ↔ 전기	자기유도현상	자기포화소자, 자기 헤드, 서치코일, 차동변압기
자계 ↔ 압력	자기왜형효과, 위더만효과	변형게이지, 리드 스위치
자계 ↔ 열	네른스트효과	서모스타트, 서모 페라이트, 온도릴레이
자계 ↔ 광	자기광효과, 광전자효과	자이레이터
기타	양자효과, 조셉슨효과	MRI, SQUID, 조셉슨소자

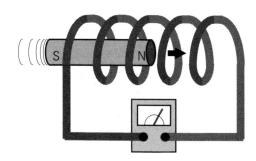

그림 6-1 ▮ 자속의 변화에 의해 발생하는 기전력

코일은 전자기센서의 가장 간단한 구조로, 이러한 전자기 유도현상을 이용하며, 그림 6-1에서 나타듯이, 권선을 N회 감아서 구성한 코일의 양단에서 유도전압으로 출력되는 기전력은 다음 식으로 나타난다.

$$E = -N\frac{d\Phi}{dt} \tag{6-1}$$

여기서, E는 코일 내에 발생하는 유도전압이고, N은 코일의 권선수이며, Φ 는 코일에 쇄교하는 자속[weber]이다.

◎ 인덕턴스 변화

그림 6-2에서는 인덕턴스를 얻기 위해 코일의 요소를 나타내고 있는데, 연자성 재료의 코어에 코일이 권선되어진다. 인덕턴스는 코일의 감은 횟수, 길이, 코어의 재료 및 코어의 단면적과 같은 요소에 의해 결정된다. 인덕턴스는 코어의 길이에 반비례하고, 쇄교 단면적에 비례한다. 인덕턴스는 다음 식과 같이 나타낸다.

$$L = k\frac{N^2 \mu A}{l} \tag{6-2}$$

여기서, k 는 코일의 직경과 길이에 관계된 상수, N 은 코일을 감은 횟수, μ 는 코어의 투자율, A 는 코어의 단면적으로 [m²]이고, l 은 코어의 길이로 단위는 [m]이다.

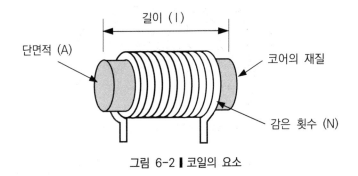

그림 6-2 ▮ 코일의 요소

이러한 효과를 이용하여 측정하는 센서에 있어 측정 대상물이 비자성 금속일 경우, 와전류에 의한 표피효과(skin effect)를 사용하여 측정하며, 비접촉 근접센서로서 피측정물의 접근에 의해 인덕턴스의 변화가 발생하고, 특정거리에서 공명발진이 일어나는 원리를 이용한다. 자성 금속일 경우에는 자기회로의 자기저항변화가 코일의 인덕턴스를 변화시켜 근접정도를 측정할 수 있으며, 선형성은 나쁘더라도 구조가 간단하고 온도특성이 좋기 때문에 비접촉 근접센서로 널리 사용한다.

◉ 자속분포의 변화

그림 6-3은 LVDT(linear variable differential transformer)의 기본 원리를 나타내고 있고, 그림 6-4에서는 LVDT의 내부 구조를 기술한다. 그림에서와 같이 LVDT는 한 개의 1차 코일과 두 개의 2차 코일로 구성되고, 코어는 자기변형상수가 매우 작으며, 고투자율을 가진 자성재료를 사용한다. 동작원리는 중앙에 설치한 1차 코일에 교류전류를 가하여 코어를 자화시키고, 자화된 코어의 위치에 따라 두 개의 2차 코일에 쇄교하는 자속분포가 변하여 2차 코일에서 유기되는 유도전압이 변하게 된다. 그림 6-3에서는 인가되는 1차 코일의 입력신호를 비롯하여 두 개의 2차 코일에서 유도되는 출력신호의 파형을 나타내고 있다. 코어의 위치가 2차 코일의 두 번째 권선보다 첫 번째 권선에 치우쳐 있기 때문에 출력전압의 크기는 2차 코일의

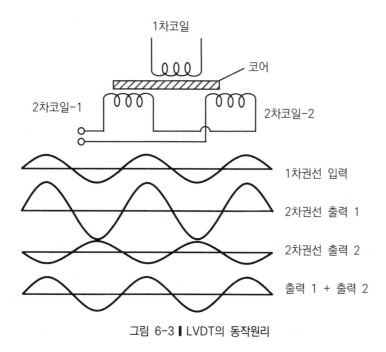

그림 6-3 ▮ LVDT의 동작원리

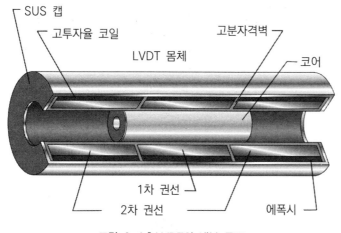

그림 6-4 ▮ LVDT의 내부 구조

첫 번째 권선에서의 출력이 더 크다. 그러나 코어가 정중앙에 놓이면, 두 개의 2차 코일에서 일어나는 출력전압의 합은 0이 된다. 따라서 이러한 출력신호를 이용하여 LVDT는 변위센서로 이용할 수 있으며, 비교적 우수한 선형특성을 얻을 수 있기 때문에 초소형 전자장비에서 정밀측정용 변위 혹은 각도센서로 널리 사용하고 있다.

○ 자기변형 효과

자기변형(magnetostriction) 효과는 강자성체를 자화시키면 자성체의 길이 나 단면적이 변하는 현상이다. 일명 Joule 효과라고 부르며, 자성체의 외 형변화를 통해 전기적 에너지가 기계적 에너지로 바뀌는 재료를 이용한 다. 자기변형 재료는 자계 내에서 내부 스트레인을 야기하는 자기 스핀들 이 회전하여 축방향으로 길이가 늘어나는 성질을 가진다. 이와 같은 현상 으로 발생하는 자기변형에 의해 길이 방향으로 늘어난 상태를 그림 6-5에 서 나타내고 있으며, 이러한 기구현상은 1861년 P. Reis에 의해 구체적으 로 이론을 설명하였다.

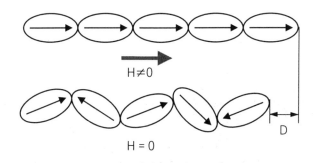

그림 6-5 ▌ 자기변형의 원리

그림 6-6 ▌ 자기변형센서의 외형

그림 6-6은 자기변형센서의 외형을 나타낸다. 일반적인 연자성체의 경우, 길이의 변형률은 자기코어에서 발생하는 소음원 중에 하나이며, 자기변형효과의 특성을 이용한 대표적인 센서가 수중음향센서이다. 이러한 센서의 원리는 자기변형체에 코일을 감아 전류를 흐르게 하면 길이가 변하게 되어 음파를 발생한다.

자기변형센서가 주목받기 시작한지는 얼마 되지 않았기 때문에 실제로 응용하면서 일어나는 문제점이 아직 완벽하게 해결되지 않았다. 특히, 높은 주파수에서 동작할 경우에 와전류에 의한 특성이 저하하며, 구동하기 위해 많은 전류가 흘려야 하기 때문에 열이 발생하고 이로 인하여 변위가 일어난다.

◎ **자기저항효과**

자기저항효과(magnetoresistive effect)는 일명 Thomson 효과라고 부르는데, 전류가 흐르는 고체에 자계를 인가하면 전류와 자계의 방향에 따라 전기저항이 변하는 현상이다. 이와 같은 효과는 자계의 영향으로 스핀방향이 서로 다른 전자의 에너지준위가 분리되고, 페르미 표면의 상태밀도가 변하여 저항이 변하는 것으로 알려져 있다. 자기저항센서의 종류는 재료에 따라 반도체형과 자성체형으로 구분하며, 동작원리는 다소 상이하다. 반도체형은 자계에 의해 전기저항이 증가하는 현상이며, 센서의 출력은 자계의 제곱에 비례하고, 감도는 이동도에 의해 의존한다. 강자성체형 자기저항센서는 강자성체의 이방성 자기저항효과를 이용한다. 일반적으로 금속은 반도체나 절연체에 비해 전자의 수가 많으며, 페르미 준위에서의 상태밀도가 높아서 전자의 이동도가 상대적으로 작다. 자성금속에서는 스핀에 의한 산란이 심하기 때문에 이동도는 더욱 작다. 강자성체의 이방성 자기저항은 전류와 자계의 방향이 평행일 경우, 저항이 최대가 되고 직교할 경우에는 최소가 된다.

○ Matteucci 효과

강자성체에 종방향으로 자계를 인가하고 자성체를 비틀게 되면 자성체의 자화가 변하는 현상이며, 자화의 변화는 비틀림의 각도에 의존한다. 자화와 비틀림 각도에 대한 특성곡선은 이력현상(hysteresis phenomena)을 나타낸다. 자기변형의 성질을 가진 스프링형의 자성체에 코일을 감아 변위나 외력에 의해 강자성체선에 비틀림을 가하면 자기유도 변화에 따른 기전력이 발생하며, 이를 응용하여 변위센서나 역학센서로 응용한다.

○ Hall 효과

그림 6-7은 Hall 효과의 원리를 나타내고 있으며, Hall 센서에 전류를 흘리고 외부에서 자계를 전류에 직각으로 인가하면 Lorentz 힘에 의해 센서에 Hall 전압이 발생한다. Hall 현상은 반도체 분야에서 물성을 연구하기 위해 주로 사용되어 왔지만, 센서로서는 Hall 전압을 측정하여 자계의 세기를 얻을 수 있다. Hall 센서는 반도체 공정을 이용하여 소형의 다량생산이 가능하기 때문에 가격이 저렴하고, 보편적인 용도의 자기센서로 널리 보급되고 있다.

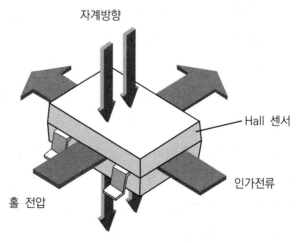

자계방향

Hall 센서

인가전류

홀 전압

그림 6-7 ▌Hall 효과센서의 원리

◎ Wiedemann 효과

자성체에 전류를 흘리거나 흘린 뒤에 자성체를 비틀면 자성체가 자화하는 현상이다. 원기둥 모양이나 스프링 모양의 자성체에 코일을 감고 전류를 흘리면서 원기둥에 토크를 가하거나 스프링에 힘이나 변위를 가하면 코일에 전압이 유도되며, 전압을 측정하여 토크, 힘 및 변위를 얻을 수 있다.

◎ Villari 효과

자기변형 효과의 역현상으로 자성체에 외부에서 응력을 가하면 자기적인 특성이 변하는 현상이며, 이를 Villari 효과라고 한다. 자기변형상수가 양이면 응력에 의한 투자율은 증가하지만, 자기변형상수가 음이면 투자율은 감소한다. 이와 같은 현상은 비정질 합금에서 매우 효과적이며, 따라서 자기센서로 많이 활용하고 있다. Villari 효과를 이용한 자기응력 게이지(magnetic strain gauge)는 변화율이 크고, 온도특성이나 내구성이 우수하지만, 선형성이 다소 낮다는 단점을 가진다. 최근 센서의 선도국인 일본, 독일 및 영국에서 많은 연구가 이루어지고 있으며, 역학센서나 비접촉 토크센서 등으로 응용되고 있다.

◎ SIxtus tonk 효과

SIxtus tonk 효과는 자구(magnetic domain)의 불연속적인 이동이나 자기핵 생성 등에 의해 코어의 감긴 코일에 펄스 형태의 기전력이 발생하는 현상으로 large Barkhausen 효과라고도 한다. 이와 같은 효과를 이용하는 대표적인 센서로는 Wiegand선으로 보자력이 다른 두 개의 자성체를 사용하는데, 내부에는 보자력이 적은 자성체를 배치하고, 외부에는 보자력이 큰 자성체를 구성하여 영구자석으로 자계의 크기를 다르게 인가하면 내부의 보자력이 적은 자성체의 자구가 반전할 때에 펄스가 생성되며, 이를 검출부의 코일로 감지하는 소자이다. 이러한 센서는 외부에서 전원을 공급할 필요가 없으며, 비접촉식 스위치나 회전수를 측정하는 소자로 응용한다.

◎ Hopkinson 효과

대부분의 자성체는 온도가 증가하면 자화가 감소하고, Curie 온도 이상에서 상자성체로 상전이하며, 투자율(permeability)은 온도에 따라 변한다. 특히, Curie 온도 부근에서 자기이방성 에너지가 최소로 되어 초기 투자율은 최대값을 갖는데, 이를 Hopkinson 효과라고 한다. 따라서 자성체의 고유 특성인 Curie 온도를 이용하여 온도를 감지하거나 온도제어용 센서로 사용한다.

◎ Josephson 효과

극저온 상태의 금속에서 전기저항이 사라지는 성질을 초전도(superconductor) 현상이라고 한다. 일반적으로 도체에서 전자의 거동은 개별적으로 자유롭지만, 초전도체에서 전자는 규칙적으로 운동하게 된다. 그리고 두 개의 초전도체 사이에 매우 얇은 절연층을 가진 소자를 만들고, 직류전압을 가하면 전자들은 매우 규칙적으로 움직이며, tunnel 효과에 의해 절연층을 통해 초전도 전류가 흐르는데, 이를 Josephson 효과라고 한다. 여기서 절연층은 마치 초전도체와 흡사하게 동작하며, 전압강하 없이 영구전류가 계속해서 흐른다. Josephson 효과를 이용한 자기센서는 동작속도가 빠르고, 소비전력이 매우 적으며, 10^{-13} T의 최상의 감도를 가지는데, 이와 같은 효과를 이용한 센서가 SQUID(superconducting quantum interference device)이다.

◎ 자기광학 효과

자계나 자화와 같은 자기특성과 광 사이의 상호작용은 1845년 Faraday

가 발견한 현상으로, 광이 자계 중의 유리조각을 통과할 때, 편광면이 회전하는 자기회전광효과이다. 그리고 1875년 Kerr가 자성체면에서 광이 반사할 때, 역시 동일한 현상을 발견하였다. 자화를 가진 자성체 표면에서 직선편광이 반사될 때, 편광면이 자화방향에 의해 약간 회전하여 타원편광으로 바꾼다. 이러한 경우에 타원편광의 장측방향으로 회전각을 Kerr 회전각이라고 한다. Kerr 회전각은 입사면 내의 자화성분에 비례하고 방향은 자화의 방향에 의존한다. Kerr 효과는 입사광과 자화의 방향에 의해 3가지로 분류하는데, 세로효과, 극효과 및 가로효과로 나눈다.

◎ 열자기 효과

일반적으로 자성체는 온도 변화에 의해 자기특성이 변하지 않아야 하지만, 반대로 열자기 효과(thermomagnetic effect)를 이용하는 센서는 열에 대한 자기특성의 변화가 큰 재료를 사용한다. 따라서 열자기센서는 온도 변화에 의한 자기특성의 자화를 검출하는 소자이다. 열자기 효과 중에 대표적인 2가지를 소개한다.

먼저, Ettingshausen 효과는 고체 내에 흐르는 전류방향과 수직으로 외부에서 자계를 가하게 되면 전류와 자계의 횡방향으로 온도구배를 일으키는 현상이며, 1887년 Ettingshausen이 발견하였다. 이와 같은 현상의 발생요인으로는 고체 내에 전자의 에너지가 균일하지 않기 때문에 발생한다. 외부에서 자계가 가해지면 빠른 전자와 느린 전자의 운동방향이 다르기 때문에 빠른 전자가 모이는 부분은 느린 전자가 모이는 부분보다 온도가 높아져 온도 기울기가 형성된다. 따라서 온도구배로 인하여 고온부분의 저항은 커지고, 저온부의 저항은 작아지기 때문에 전류가 한쪽으로 몰려서 흐르는 현상이 발생한다. Nernst 효과는 Ettingshausen 효과의 역현상이며, Hall 효과와 유사하지만, 고체에 외부에서 자계를 가하고 전류 대신에 열전류를 흘리면 이들에 직각방향으로 기전력이 발생하는 현상이다.

6-3 Hall 센서

고체 소자에 전류가 흐르고 있을 때 전류에 수직하게 자기장을 가하면 전류와 자기장에 각각 수직한 방향으로 기전력이 발생하게 되는데, 이와 같은 현상을 Hall 효과라고 부르며, 이때 발생하는 기전력을 Hall 전압(Hall voltage)이라고 한다. 이러한 현상은 1879년 E. H. Hall에 의하여 발견되었으며, 기전력이 유기되는 효과는 캐리어에 작용하는 Lorentz 힘에 의하여 생성된다. 그림 6-8에서와 같이 반도체 내에 전류 I가 $+y$ 축 방향으로 흐르게 되고 외부에서 자계 B가 $+z$ 축 방향으로 작용하면, 반도체 내에서 이동하는 전자는 Lorentz 힘(F_m)를 받게 되어 식으로 표현하면 다음과 같다.

$$F_m = q(v_y \times B_z) = q \, v \, B \hat{x} \tag{6-3}$$

여기서, v는 전자의 평균유동속도이고, q는 전자의 전하량($q = -e$로서, e는 전자전하의 절대값)이다. 또한, $\hat{x}$는 x축 방향의 단위벡터(unit vector)이다.

그림에서 나타나듯이, 전자는 $+x$ 방향으로 힘을 받아 반도체 내에 $+x$ 축 방향의 측면에 전자가 모이게 되어 상대적으로 음의 전위를 나타내고, 또한 $-x$ 축 방향의 측면에는 정공이 모이게 되어 양의 전위로 대치되며, 이때 생성되는 전위차인 V_H가 바로 출력전압인 Hall 전압이다.

따라서 Hall 소자 내의 전자는 V_H에 의한 Coulomb력($F_e = qE$)과 B에 의한 Lorentz힘($F_m = q(v \times B)$)을 동시에 받게 되어 x 축 방향으로 힘의 평형을 이루게 된다. 이러한 과정을 식으로 표현하면 다음과 같다.

$$qvB = qE_H \tag{6-4}$$

$$E_H = vB \tag{6-5}$$

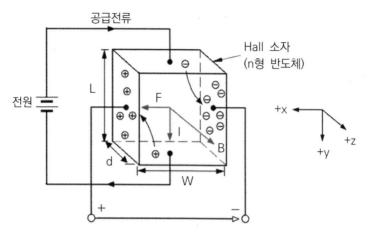

그림 6-8 ▌Hall 센서의 동작

여기서, E_H는 Hall 전압 V_H에 의해 생성되는 전기장으로, 즉 Hall 전계이다. 그림에서 Hall 소자의 길이, 폭, 두께가 각각 L, W, d 이라고 하면 전류 밀도(J)는 다음과 같다.

$$J = \rho v = qnv \tag{6-6}$$

$$J = \frac{I}{Wd} = qnv \tag{6-7}$$

여기서, n은 캐리어의 밀도이다. 식 (6-7)을 식 (6-5)에 대입하고 전계와 전위 사이의 관계로 표현하면, 다음과 같이 된다.

$$V_H = E_H W = \frac{IB}{nqd} \tag{6-8}$$

$$= \frac{WJB}{nq} \tag{6-9}$$

$$\therefore E_H = \frac{JB}{nq} = R_H JB \tag{6-10}$$

$$R_H = \frac{1}{nq} \tag{6-11}$$

여기서, 상수 R_H 를 Hall 계수(Hall coefficient)라고 하며, q는 캐리어 전하이고, 전자밀도와 정공밀도를 각각 n 및 p 라 하면 Hall 계수는 다음과 같이 표현할 수 있다.

$$R_H = \frac{1}{ne} \tag{6-12}$$

$$R_H = \frac{1}{pe} \tag{6-13}$$

캐리어의 유동속도(v)는 가해진 전계 (E)에 비례한다.

$$v = \mu E \tag{6-14}$$

여기서, μ 는 캐리어의 이동도(mobility)이다. 또 Ohm의 법칙은 다음과 같이 표현되는데

$$J = \sigma E \tag{6-15}$$

여기서, σ 는 도전율 (conductivity)이다.

$$J = \rho v = nqv = nq\mu E \tag{6-16}$$

식 (6-11), 식 (6-15) 및 식 (6-16)에 의해 다음의 관계를 얻는다.

$$\sigma = nq\mu \tag{6-17}$$

$$\mu = R_H \sigma \tag{6-18}$$

또한, 그림 6-8에서 외부인가 전계, E 는 전류 방향과 같으므로 $+y$ 축 방향이고, Hall 전계 E_H 는 $+x$ 축 방향이다. 그러므로 그림 6-8의 경우, 전자는 외부전계 E 와 Hall 전계 E_H 의 영향을 받게 된다.

$$\tan\theta = \frac{E_H}{E} \tag{6-19}$$

식 (9-19)의 관계로 정의되는 각 θ 를 Hall 각(Hall angle)이라 한다.

지금까지는 단일 캐리어에 대해서 논의하였지만, 전자와 정공이 공존하는 경우에는 Hall 계수(R_H)는 식 (6-20)에서 나타내는 관계로 표현된다.

$$R_H = \frac{p\mu_p^2 - n\mu_n^2}{e(p\mu_p + n\mu_n)^2} \tag{6-20}$$

여기서, μ_p 는 정공의 이동도이고 μ_n 는 전자의 이동도이다. 완전한 진성 반도체에서는 $n = p$ 임으로 다음과 같다.

$$R_H = \frac{\mu_p - \mu_n}{ne(\mu_p + \mu_n)} \tag{6-21}$$

$$\sigma = ne(\mu_p + \mu_n) \tag{6-22}$$

$$R_H\sigma = \mu_p - \mu_n \tag{6-23}$$

이와 같이 Hall 센서는 Hall 효과를 이용한 소자로서, 이는 일종의 전류 자기 효과이기도 하다. 특히, 전자장의 검출, 자계의 세기, 자극의 판별 등 다른 소자와 비교할 수 없는 우수한 성질이 있다.

Hall 센서는 1960년대 중반부터 제품으로 생산되기 시작하여 비접촉 소자로서 다양한 산업에서 폭넓게 응용되고 있다. 일반적인 홀소자는 4단자 구조로 장방형이며, 양단면에 전류전극에 직각으로 홀전극을 가진 구조이다.

Hall 센서의 감도는 보통 전류가 1 mA이고, 1 kG의 자속밀도에 대해 Hall 전압은 mV로 나타낸다. 전자밀도가 작을수록, 혹은 소자의 두께가 얇을수록 Hall 전압은 커지고, 단위 자속밀도에 대해 유기되는 전압이 커지기 위해 전자이동도가 큰 재료를 사용하여야 한다. Hall 센서의 재료로는 전자이동도가 큰 InSb, InAs, GaAs 등과 같은 III-V족 화학물 반도체가 주로 사용되며, InSb Hall 센서는 단결정을 연마하여 수 μm 정도로 얇게 만들거나 증착박막으로 제조하며 대체로 온도의존성이 높고 감도가 높은 편이다.

6-4 Hall 센서의 종류

표 6-2는 재료에 따른 Hall 센서의 특성을 나타낸다. InAs는 온도특성이 양호하며 자계에 대한 직선성이 우수하여 측정용 소자로서 많이 사용한다. 그리고 GaAs는 내열특성이 우수하여 많이 적용하고 있으며, Si Hall 센서는 감도가 좋지 않으나 증폭기와 일체화하여 집적화 소자를 제조할 수 있다는 특징이 있다. Hall 센서 내에 흐르는 전류는 자계방향과 일정한 각도를 이루고 흐르고, 전극 사이에 전류의 경로가 길어짐에 따라 저항이 증가하며, 자계에 의해 변하는 전류의 분포는 소자의 형상 즉 길이와 두께의 비율에 따라 저항이 달라진다.

Hall 센서의 종류를 나누어 보면, 그림 6-9에서 나타나듯이 Hall 센서는 모양에 따라 매우 기다란 막대형, 장방형 및 십자형 Hall 센서로 구분하며, 또한 Hall 센서는 이용하는 용도에 있어서 소자에 흐르는 전류를 공급하는 방식에 따라 정전류 구동과 정전압 구동으로 크게 구분할 수 있다.

표 6-2 ▌ Hall 센서의 특성

항목	InSb	InAs	Si	GaAs
전자이동도 μ_n [cm^2/V·sec]	7.8×10^4	3.3×10^4	1.5×10^3	8.5×10^3
정공이동도 μ_p [cm^2/V·sec]	7.5×10^2	4.5×10^2	4.25×10^2	4.5×10^2
에너지갭 E_g [eV]	0.17	0.36	1.12	1.43
적감도 [mV/mA·kG]	50~110	0.08	7	30
열전도율 [W/cm·K]	0.18	0.26	1.41	0.45

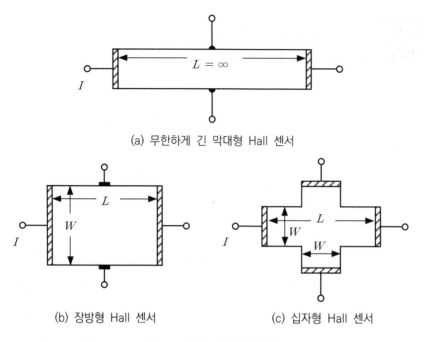

(a) 무한하게 긴 막대형 Hall 센서

(b) 장방형 Hall 센서

(c) 십자형 Hall 센서

그림 6-9 ▌ Hall 센서의 종류

Hall 센서를 이용하는 용도에 있어서 소자에 흐르는 전류를 공급하는 방식에 따라 정전류 구동과 정전압 구동으로 나눌 수 있다. 정전류 방식은 Hall 전압이 반도체 기판의 전자밀도에 의존하며, 정전압 방식은 전자 이동도에 의존한다.

정전류 방식의 경우, 자기저항 효과에 의해 자속밀도가 커지면 소자의 저항이 증가하지만, 저항에 관계없이 전류가 일정하기 때문에 직선성이 나빠지지 않아 우수한 자계 직선성을 갖지만, 회로가 복잡해지는 단점을 가진다. 정전압 구동방식에서는 자속밀도가 증가하면 자기저항 효과에 의해 저항이 증가하여 소자에 흐르는 전류가 작아짐으로 Hall 전압이 변하기 때문에 직선성이 매우 나쁜 편이다. 그러나 인가전압이 일정하여 오프셋 전압에 의한 온도 변화가 매우 작고, 회로가 간단하다는 장점을 가진다.

6-5 Hall 센서의 특성

일반적으로 Hall 센서의 감도는 적감도(積感度)로 나타내는데, 식 (6-8)에서 Hall 전압을 적감도로 나타내면 식 (6-24)로 표현할 수 있다. 적감도 K가 상수라면 Hall 전압은 전류와 자계의 곱에 비례하게 된다.

$$V_H = KIB \tag{6-24}$$

여기서, K를 적감도라 부르며, 적감도는 전류가 1 mA, 자속밀도가 1 kG일 때에 발생하는 Hall 전압이며, 단위는 [mV/mA·kG]로 표시한다. 이 식으로부터 알 수 있듯이, 적감도가 아무리 크다고 하더라도 소자전류가 작으면 Hall 전압은 커지지 않는다. 예로서, InAs Hall 센서는 적감도가 비교적 작지만, 소자전류를 크게 할 수 있으며, 반대로 Ge의 경우는 적감도가 크지만 소자전류는 작기 때문에 두 센서의 출력은 거의 비슷하다.

Hall 전압의 온도 의존도는 적감도의 온도 의존성에 좌우되며, 온도 의존성을 작게 하려면 에너지갭이 큰 반도체를 사용하는 것이 좋다. 즉, 에너지갭이 크면 클수록 온도특성이 우수하다. Hall 센서의 출력전압인 V_H는 이미 식 (6-8)에서 기술한 바와 같이 어떠한 조건하에서도 전류 I와 자속 밀도 B에 비례할 것이다. 만일, 전류가 일정하다면, 출력전압인 Hall 전압은 자속 밀도에 비례하게 될 것이고, 결국 자속의 변화에 대해 선형적인 출력 특성을 나타낼 것이다. 그림 6-10 (a)는 Hall 센서의 출력특성을 나타내는데, 곡선 ①은 광범위한 영역에서 선형적인 출력특성을 나타내며, 계측용 자기센서로서 많이 사용한다. 곡선 ②는 출력감도가 우수하기 때문에 주로 전동기의 자극센서 등에 사용한다.

이상적인 Hall 센서의 경우에 외부에서 자계를 인가하지 않은 상태일 경우, Hall 전압은 0이어야 한다. 그러나 실제 Hall 센서에서는 제조과정에서 정밀도의 문제, 센서 내부의 소재 및 전기적 특성의 불균일이나 Hall 전극의 불일치 등으로 인하여 그림 6-10 (b)에서 나타난 바와 같이 약간의 전압이 발생할 수 있다. 이와 같이 외부 자계를 인가하지 않고 소자전류를 흘리는 경우에 발생하는 불평형의 전압을 오프셋 전압(offset voltage)이라고 한다.

이러한 오프셋 전압을 보상하기 위한 방법으로는 두 가지가 있는데, 하나는 소자의 제조공정에서 Hall 전압이 유기되는 전극 부근에 홈을 만들어 구조적으로 평형을 유지하도록 하는 트리밍(trimming) 방식이고, 다른 하나는 Hall 센서의 출력에 보상용 저항을 추가하는 브리지 회로 방식이 있다.

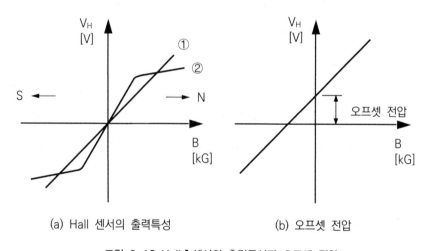

(a) Hall 센서의 출력특성 (b) 오프셋 전압

그림 6-10 Hall ▌센서의 출력특성과 오프셋 전압

6-6 자기저항 센서

전류가 흐르고 있는 고체 내에 외부에서 자계를 가하거나 방향에 대해 소자의 전기저항이 변하게 되는데, 이러한 현상을 자기저항 효과(magnetoresistance effect)라고 한다. 자계를 인가하면 캐리어가 Lorentz 힘을 받게 되어 캐리어의 유동경로(drift path)가 휘어지므로 외부에서 인가하는 전계 방향의 전류 성분이 감소하게 된다. 따라서 결과적으로는 자계가 인가되면 전기저항의 증대효과가 나타난다. 이러한 현상은 1856년 Lord Kelvin이 금속에 대해서 발견하였고, 이를 이용한 소자를 자기저항센서라고 하며, 보통 MR 센서라고 부르기도 한다. 이와 같은 자기저항 현상은 거의 모든 도체나 반도체에서 나타나지만, 금속재료에서는 비교적 미미하게 나타나고 반도체에서는 현저하다. 전류와 자계가 서로 수직인 경우를 횡효과라 하고, 서로 평행인 경우의 자기저항 효과를 종효과라고 한다. 보통 횡효과가 훨씬 더 현저하게 나타난다.

그림 6-11에서와 같이 고체 내에서 속도 v 인 이동하는 전자에 수직으로 자계 B 가 작용할 때에 전자는 반지름 r 인 원호를 그리면서 이동하고, 평균 자유행정(mean free path; λ_o)으로 이온과 충돌을 일으키면서 운동하게 된다.

$$qvB = \frac{mv^2}{r} \qquad (6\text{-}25)$$

$$r = \frac{mv}{qB} \qquad (6\text{-}26)$$

식 (6-26)에서 반지름 $r \propto 1/B$ 이고, 또한 원주는 이동도와 비례($\lambda \propto \mu$)함으로 다음과 같은 식으로 표현된다.

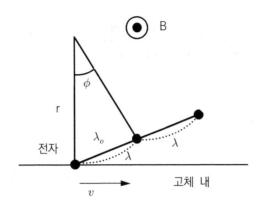

그림 6-11 ┃ 자기저항 센서의 원리

$$\phi = \frac{\lambda}{r} \propto \mu B \qquad\qquad (6\text{-}27)$$

$$\lambda_o = 2r \sin \frac{\phi}{2} \qquad\qquad (6\text{-}28)$$

자계 B 가 작은 경우에 저항율의 변화는 다음과 같이 간소화할 수 있다.

$$\frac{\rho - \rho_o}{\rho_o} = \frac{\Delta\rho}{\rho_o} = \frac{1/\lambda_o - 1/\lambda}{1/\lambda} = \frac{\phi^2}{24} \propto (\mu B)^2 \qquad (6\text{-}29)$$

여기서, ρ 는 자계가 B 인 경우의 저항률이고, ρ_o 는 자계가 인가되지 않은 경우의 저항률을 의미한다. 식 (6-29)에서 자기저항 효과는 캐리어의 이동도(μ)가 클수록 크다. 이러한 조건을 만족해주는 재료로는 InSb, InAs, GaAs 등이 잘 알려져 있다.

자기저항 센서는 고체의 자기저항 효과를 효율적으로 응용한 것이고, 기본 원리는 자기 에너지에 의해 고체 내의 내부저항이 변화하는 현상을 이용한 것이다. 이러한 고체의 재료로는 화합물 반도체와 강자성체 금속의 두 종류가 실용화되고 있다. Hall 센서가 4 단자 소자라면, 자기저항 센서는 2 단자 소자로서 취급이 훨씬 용이하다는 것이다.

6-7 자기저항 센서의 구조

그림 6-12는 자기저항 센서의 구조를 나타내고 있는데, 반도체 IC 위에 Ni-Fe (permalloy)와 같은 강자성체 금속을 주성분으로 합금 박막을 구성하여 배치한다. 강자성 금속박막에 전류를 흘리면서 특정방향으로 외부 자계를 인가하면 저항이 변하게 되며, 자계 강도에 비례하여 저항이 감소하는 경향을 나타낸다. 강자성체의 박막에서 전류와 자계의 방향이 서로 평행일 경우에는 전기저항이 최대이며, 서로 수직일 경우에는 저항이 최소가 된다. 이와 같이 자기서항 센서는 강자성체 박막이 IC가 형성되는 실리콘 기판 상에 형성하여 집적화할 수 있다는 특징을 가진다.

그림 6-13에서는 자계의 변화에 대한 저항의 변화를 나타낸다. 자계가 없는 경우에 저항의 변화는 최대 3%정도이며, 저항의 변화량은 자계와의 사이에 대략 $\Delta R \propto H^2$으로 나타나고, 영역 밖을 포화감도영역이라 한다. 따라서 영역 밖에서는 자계 강도에 대해 3%의 저항 변화로 유지된다.

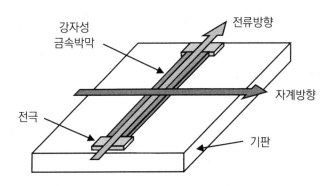

그림 6-12 ▌ 자기저항 센서의 구조

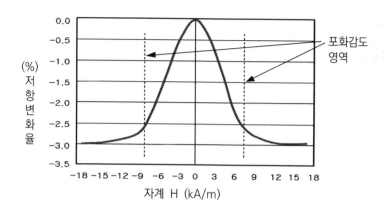

그림 6-13 ▌자계에 대한 저항의 변화

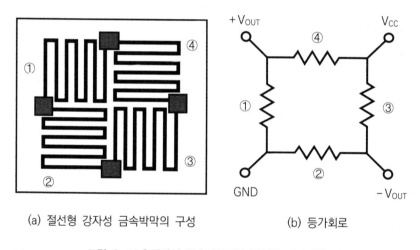

(a) 절선형 강자성 금속박막의 구성　　　　　(b) 등가회로

그림 6-14 ▌강자성 금속박막으로 구성한 자기저항 센서

　　포화감도영역 이상의 자계강도에서 자계의 방향을 검출하는 원리를 이용한 자기저항 센서의 강자성 금속박막은 그림 6-14 (a)에서와 같은 형상을 가진다. 그림 (b)에서는 자기저항 소자로 구성된 브리지형 자기저항 센서를 나타낸다. 센서에 외부 자계가 인가되면, 브리지 회로의 각 저항이 변하여 브리지 출력전압이 나타나며, 자계의 강도와 방향을 측정할 수 있다.

6-8 자기 다이오드

Hall 효과 센서와 자기저항 센서는 대부분 반도체 중의 열평형상태에서 자계에 의해 캐리어의 운동이 변하는 현상을 응용한 것이다. 그러나 일반적으로 자기 다이오드(magnetic diode; MD)의 동작 원리는 자기응축 (magnetoconcentration) 효과 혹은 Suhl 효과라고 부르는 복합적인 전류자기 효과를 이용한다. 자기응축 효과는 캐리어 주입, Hall 효과, 그리고 캐리어의 표면 재결합 또는 생성의 3가지 현상이 복합하여 이루어진다.

그림 6-15는 자기 다이오드의 기본 구조와 동작 원리를 보여준다. 자기 다이오드는 기본적으로 두 개의 반도체가 접합한 구조를 가지며, 한 층은 전자를 다수캐리어로 하는 n형 반도체이고, 다른 한층은 정공을 다수캐리어로 하는 p형 반도체이다. 그림에서는 길고 얇게 만들어진 반도체로 p-*i*-n접합을 구성하고 있다.

측면인 S_1과 S_2의 두 면은 서로 다른 표면 재결합속도를 갖는데, 재결합속도의 크기는 $S_1 \ll S_2$이다. 정공과 전자와 같은 캐리어는 p^+와 n^+ 영역으로부터 *i* 영역으로 주입된다. *i* 영역에서의 드리프트(drift)는 전계 E에 의하여 진행한다. 만일, 자속밀도 B가 그림과 같이 전계에 수직으로 인가하면 Lorentz 힘에 의해 정공과 전자는 S_1과 S_2 면으로 편향하여 이동한다. 정공이 S_1면으로 편향되면 재결합속도가 느리기 때문에, 정공의 농도는 증가하여 생성률이 증가하고, 따라서 전도도는 증가한다. 증가한다. 반면에 전자는 S_2면으로 편향되면 재결합속도가 크므로 재결합이 증가하게 되고, 결국 저항은 증가한다. 이때, 저항의 변화는 대체로 자속밀도에 비례하기 때문에 출력으로부터 자계를 감지할 수 있다.

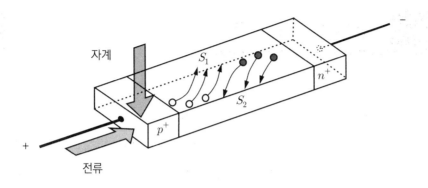

그림 6-15 ▌ 자기 다이오드의 동작 원리

자기 다이오드는 자기저항 센서와 동일한 감도를 가지며, 자계의 세기에 대응하는 출력을 얻는다. 그러나 일반적으로 높은 저항의 Ge를 사용하기 때문에 온도특성이 다소 저하한다.

그림 6-16에서는 자기 투자율(magnetic permeability)에 따른 자기 센서를 분류한다. 고투자율의 소재를 사용하는 자기 센서는 감도가 개선되며, NiFe 박막의 자기저항 센서이다. 그리고 투자율이 낮은 재료를 이용한 자기 센서는 투자율에 의한 증폭을 제공하지 않는다.

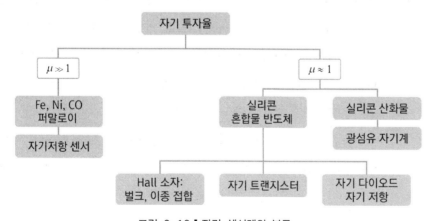

그림 6-16 ▌ 자기 센서계의 분류

6-9 자기 트랜지스터

자기 트랜지스터(magnetotransistors; MT)의 컬렉터 전류를 자계로 조절하도록 설계된 쌍극성 트랜지스터(bipolar transistor)이다. 자기 트랜지스터의 기하학적 구조에 따라 칩 평면의 수평이나 수직인 자계를 감지할 수 있다. 대부분의 자기 트랜지스터는 이중 컬렉터(dual collector) 구조를 가지며, 자기장이 0일 때, 두 컬렉터에 대한 관점에서 동작은 대칭적이고, 컬렉터 전류는 $I_{C1} = I_{C2}$ 이다. 자기장(B)이 가해지면, 로렌츠 힘(Lorentz force)은 전위와 전류 분포에 비대칭적으로 생성하여 컬렉터 전류의 불균형 $\Delta I = I_{C1} - I_{C2}$ 이 만들어진다. 트랜지스터에 대한 자계의 영향은 1949년 초에 처음으로 연구되었으며, 자계를 감지하기 위한 연구가 다양하게 진행되었다. 본질적으로 바이폴라 기능을 가지지만, 일부 자기 트랜지스터는 CMOS 기술을 사용하여 설계되었다.

이중 컬렉터 자기 트랜지스터의 개념은 로렌츠 이론을 이용하며, 이중 드레인 MAGFET(magnetic field effect transistor) 뿐만 아니라 DAMS (differential amplification magnetic sensor)의 Hall 전압 동작과도 유사하다. 이러한 소자에서 자기 트랜지스터의 모델은 두 가지로 제안되는데, 하나는 로렌츠 편향을 이용하며, 로렌츠 힘은 소수 캐리어를 한쪽 컬렉터로 편향시키고 다른 컬렉터에서 멀어지게 하는 방식이다. 그리고 다른 하나는 주입 조절을 이용한 것으로 베이스 영역에서 이동하는 다수 캐리어에 작용하는 자기 유도는 Hall 전압을 생성하고, 이는 이미터-베이스 전압을 조정하여 소수 캐리어 주입에 비대칭적으로 관여한다.

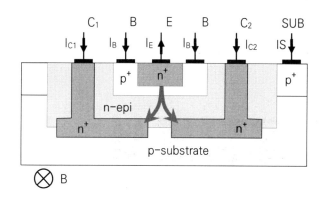

그림 6-17 ▮ 듀얼 컬렉터 수직형 자기 트랜지스터

그림 6-17은 이중 컬렉터 VMT(dual collector vertical magneto-transistor)의 일례를 보여준다. VMT는 바이폴라 트랜지스터의 공정을 사용하여 제작되며, 그림에서 보듯이 공통 이미터와 공통 베이스로 결합된 두 개의 npn 트랜지스터를 구성한다. 수직형 소자의 형상은 베이스 영역 아래에 두 개의 층으로 구성되며, 깊은 n^+ 확산층에 접촉하는 두 개의 측면 컬렉터와 연결된다. 두 컬렉터의 단락회로는 내부 층 사이에 간격을 두고 떨어져 있다. 이러한 간격은 에피층(epi layer)에 고저항 경로를 통해 두 컬렉터의 저항성 결합(ohmic coupling)을 정의한다. 그림에서 자계 B는 소수 캐리어 흐름에 수직하고, 칩 평면에 평행하여야 한다. 로렌츠 힘은 방향성을 가져야 하며, 소자의 대칭성은 방해된다. 그래서 자계 B는 도면에 수직이어야 한다.

소수 캐리어는 고농도의 이미터 영역에 주입되어 얇은 베이스 영역을 관통하고, 저농도의 에피층인 컬렉터에 도달하여 다수 캐리어가 된다. 여기서 전류 경로는 두 부분으로 나뉘며, 묻혀있는 두 개의 n^+층 중 하나에 도달한다. 자계가 없는 완전히 대칭 구조라면, 두 경로의 컬렉터 전류는 동일하며, $I_{C1} = I_{C2} = I_{C0}/2$ 이다. 자계가 인가되면 로렌츠 힘은 편향을 일으켜 컬렉터의 불균형으로 $\Delta I_C = I_{C1} - I_{C2}$ 이 된다.

CHAPTER

음향센서

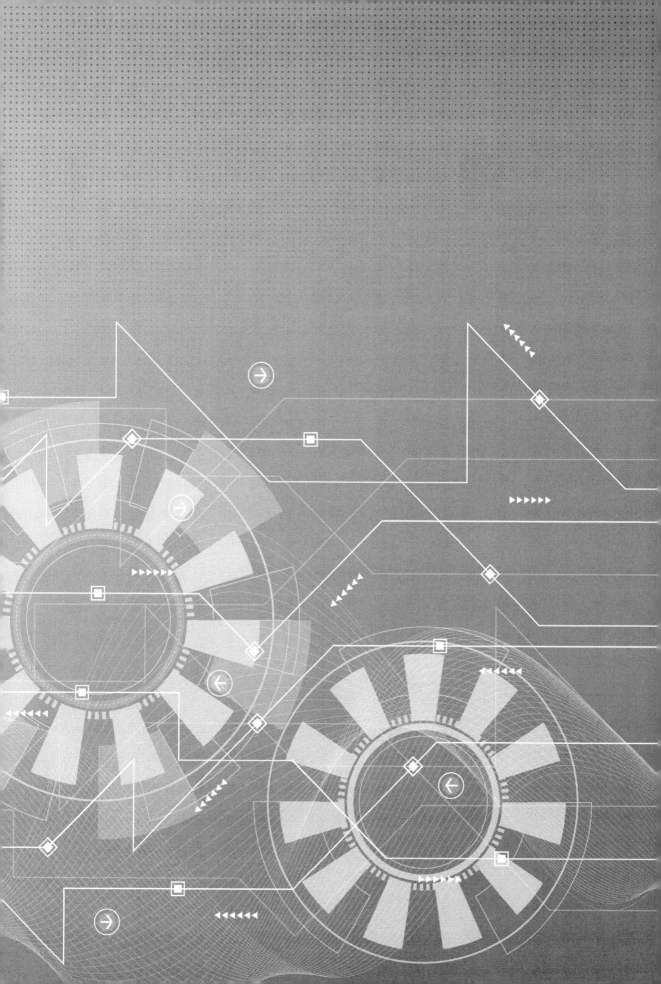

7-1 음향센서의 개요

　일반적으로 음향센서는 음파나 초음파를 검출하는 소자이다. 그러나 음향센서는 검출하는 주파수 범위가 주로 초음파 영역이기 때문에 보통 초음파센서라고 부르기도 한다. 음파나 초음파를 전기적인 신호로 변환하는 장치를 수신기 혹은 마이크로폰(microphone)이라 하며, 음향의 기초는 소리로서, 이를 이용한 센서가 마이크로폰이다. 역으로 전기신호를 음파나 초음파로 변환하는 장치를 송신기 혹은 스피커라고 부른다. 물론, 이러한 두 개의 변환기는 동일한 구조로 음파나 초음파를 발생하거나 검출할 수 있으며, 이를 합하여 초음파 트랜스듀서(transducer)라고 부른다. 본질적으로 마이크로폰은 폭넓은 스펙트럼 영역에서 소리의 변환을 적용하는 압력 트랜스듀서의 일종이며, 넓은 주파수의 음파를 변환하는 압력 변환기이다. 그러나 압력센서와는 달리 마이크로폰은 일정한 압력이나 매우 느리게 변하는 압력을 측정하지 않는다. 즉, 마이크로폰의 동작주파수는 보통 수 Hz에서 초음파 영역인 수 MHz나 GHz까지 광범위하다. 각종의 음향계측기에는 음향 에너지를 전기 에너지로 변환하는 음향센서가 필수적으로 요구된다. 전기음향 변환기의 변환원리 중에는 여러 가지 형태가 있는데, 그 중에서 마이크로폰에 응용되는 것으로 저항형, 정전형 및 압전형 등이 있다.

　음향센서는 감도, 방향성, 주파수 대역, 동적 측정범위 및 크기 등에 따라 다르며, 음향센서의 구조는 음파를 검출하는 매질의 종류에 따라 역시 다르다. 음향기기용 마이크로폰에 요구되는 조건을 고려하여 보면 다음과 같다.

- 주파수 응답이 평활하고, 사용 주파수의 영역이 넓어야 한다.
- 온도, 습도, 기압 등의 외부 환경의 변화 및 기계적인 충격에 대하여 특성이 안정적이어야 한다.
- 감도가 우수하고, 소형화가 가능하여야 한다.
- 측정할 수 있는 음압의 영역이 넓어야 한다.

이러한 조건을 만족할 수 있는 음향계측용의 마이크로폰은 대부분 직류 바이어스 방식의 정전용량형이고, 초저주파음압 혹은 초고음압을 계측하기 위해서는 세라믹을 이용한 압전형이 사용되고 있다. 최근에는 안정적인 특성을 지니고 수명이 긴 일렉트릿의 정전용량형 마이크로폰이 주류를 이루고 있다.

고체에서의 진동에 의한 센서가 마이크로폰인 반면에 최근에는 액상에서 동작하는 하이드로폰(hydrophone)이라고 부르는 센서도 있다. 음향파가 기계적인 압력에 의한 파(wave)라면 일부 마이크로폰이나 하이드로폰은 압력센서와 거의 동일한 기본 구조를 갖는다. 즉, 다이어프램의 동작이나 변위에 의한 센서와 동일하고, 다이어프램의 동작은 전기적인 신호로 변환된다.

마이크로폰에 음압 p 가 작용하고 출력단자에 개회로 전압이 E라면, 이때 발생하는 센서의 감도는 이들의 비율로서 $S = E/p$ 로 표현된다. 다만, 마이크로폰의 감도를 말할 때는 1,000Hz의 감도를 의미한다. 기준 음압 1 Pa에 대하여 1 V의 출력이 발생할 때를 0 dB로 나타낸 감도의 데시벨 표기가 감도 레벨이다. 일반적으로 감도와 감도 레벨은 특별히 구분하여 사용하지 않고 있으며, 모두 감도라고 하여 사용하는 경우가 많다. 감도 레벨의 주파수 변화에 대한 특성을 주파수 응답이라고 한다. 음압감도 레벨의 주파수 응답을 평탄하게 한 것을 음압형 마이크로폰이라고 하고, 커플러를 사용한 음향계측에 사용된다.

7-2 음향센서의 원리

　초음파센서란 음향 에너지 중에서 비교적 높은 고주파 대역을 감지하기 위한 센서로서, 일반적으로 20 kHz 이상의 음향 에너지를 검출하는 소자라고 정의할 수 있다. 1918년 P. Langevin이 압전 진동자를 개발하면서 시작되었는데, 근거리에 있는 물체나 인체의 유무, 거리 측정, 속도 측정 등에 응용된다. 초음파는 매초 2만회 이상으로 진동하는 들리지 않는 음파를 말한다. 실질적으로 초음파센서에 적용되는 주파수는 사용 용도에 따라 결정되는 것이 원칙이지만, 일반적으로 공기 중에서 물체를 감지하기 위해 이용되는 초음파센서의 주파수 범위는 9 kHz에서 50 kHz 정도이고, 이러한 영역의 주파수는 강력한 초음파 펄스를 생성하기 쉬우며, 지향 특성을 용이하게 얻을 수 있기 때문이다.

　초음파센서는 음파의 메아리 현상을 이용한 것으로 기본적인 원리를 살펴보면, 음파를 발생시키는 송신 부분이 있어 음파가 되돌아온 시간차를 분석하여 물체의 유무를 감지하거나 대상물의 거리를 측정한다.

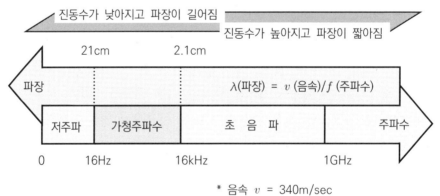

그림 7-1 ▌음향 주파수의 대역

초음파센서의 구성은 트랜스듀서, 분석기, 및 출력회로로 대별할 수 있다. 초음파센서의 거리 측정원리는 센서에서 발사된 초음파 펄스가 측정물의 표면에서 반사되어 되돌아 올 때까지의 지연시간을 측정하고, 공기 중에서 초음파의 온도에 따른 음속을 보상하여 거리를 산출하는 방법을 사용한다. 음파의 전파속도는 공기 중에서 340 m/sec이고, 수중에서는 1,480 m/sec이고, 금속 중에서는 대략 6,000 m/sec 정도이다. 초음파는 온도에 민감하며, 매질의 온도를 고려하여야 한다. 일반적으로 공기 중에서의 음속(v_{air})과 수중에서의 음속($v_{wat.}$)은 다음의 식으로 구할 수 있다.

$$v_{air} = 331.5 + 0.607\,T \tag{7-1}$$

$$\begin{aligned} v_{wat.} = {} & 1449 + 4.6\,T - 0.55\,T^2 \\ & + (1.39 - 0.012\,T)(s - 35) + 0.017\,d \end{aligned} \tag{7-2}$$

여기서, T는 섭씨온도 [$^{\circ}$C]이고, d 는 수심, s 는 염도와 관련한다. 위 식으로부터 공기 중에서 온도가 1°C 변하면 음속도 0.17%씩 변화하기 때문에 온도를 측정하여 음속을 보상하여야 한다. 수중에서 음파전달은 음속에 많은 영향을 받으며, 음속에 가장 많은 영향을 미치는 것이 수온과 수심에 따른 압력변화이다. 일반적으로 음속은 수온이 높아지고 압력이 높을수록 빨라진다고 한다.

초음파센서를 이용하여 대상물까지의 거리를 측정하기 위한 관계식은 다음과 같은 식을 사용하여 얻을 수 있다.

$$L = \frac{1}{2}v \cdot t \tag{7-3}$$

여기서, t 는 소요 시간이다. 송신과 수신이 분리된 초음파센서는 일반적으로 저주파의 초음파를 사용하고, 이동 물체의 검출이 용이하다. 송신과 수신부 사이의 간섭이 적지만, 개별적으로 특성을 맞추어 주어야 하고, 측정 정밀도가 좋으나 회로가 다소 복잡하다.

7-3 압전 효과

압전성(piezoelectricity)이란 외부에서 기계적인 힘을 가하거나 압력을 가하면 전기적인 현상이 일어나는 특성을 의미하는 것으로, 압전 (piezoelectric)에서 'piezo'는 그리스어로 '누른다'라는 뜻이다. 쉽게 말하면, 압전은 압력이 가해지면 전기가 발생한다는 의미이다. 이와 같이 압전 효과는 기계적인 특성과 전기적인 결합을 의미하며, 1880년 Jaques Curie와 Pierre Curie 형제에 의해 처음 발견되었다. 수정에 무거운 물건을 올려놓으면 수정의 표면에 전하가 발생하며, 전하량은 수정의 질량에 비례한다고 보고하였다.

그림 7-2에서 나타나듯이, 외부에서 기계적인 힘을 가하면 압전체 내에 유전 분극이 발생하여 표면에 전하량(Q)을 갖는다. 이를 1차 압전 효과라 부르며, 역으로 전기를 가하면 압전체에 일그러짐이 발생하는 현상을 역 압전 효과 혹은 2차 압전 효과라 부른다. 압전 효과는 압전체 내에 전기 쌍극자 모멘트가 발생하는 원리이다.

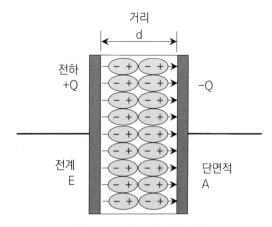

그림 7-2 ▌ 압전 효과의 원리

압전체에서는 분자의 결정격자 내의 비대칭적인 전하 분포로 인해 쌍극자 모멘트가 생기지만, 어떤 물질의 경우에는 분자 자체가 이동하여 쌍극자 모멘트를 만들기도 한다. 쌍극자 밀도 혹은 분극은 결정격자에서 단위 부피당 쌍극자 모멘트를 합하여 계산할 수 있다. 모든 쌍극자는 벡터이며, 쌍극자 밀도도 방향과 크기를 가진 벡터로 표현한다. 서로 가까이 있는 자구(magnetic domain)라 불리는 영역에서 나란히 배열되며, 자구는 보통 임의로 생겨나지만, 물질에 높은 온도에서 강한 전기장을 걸어주는 과정을 통해서 인위적으로 배열할 수도 있다.

압전 효과에서 또 다른 중요한 사실은 기계적인 힘을 가해주었을 때 분극이 변화한다는 것이다. 이러한 변화는 쌍극자를 유발하는 주변 환경의 변화에 의해 쌍극자가 재배열되어 일어나거나, 외부 응력의 영향으로 분자가 배열된 방향이 변화하여 쌍극자 모멘트의 방향이 바뀌어서 일어난다. 따라서 압전 효과는 분극의 크기가 변화하거나 분극의 방향이 변화할 때 나타난다고 할 수 있다. 조금 더 구체적으로는 결정에서의 분극의 방향, 결정의 대칭성, 가해준 기계적 응력 등에 의존한다.

수학적으로 압전 효과를 나타내면 다음과 같다.

$$D = \epsilon E \qquad\qquad (7\text{-}4)$$

여기서, D는 전기적 변위이고, ϵ은 유전율, E는 전계의 크기를 나타내며, Hook 법칙에서 변형도(strain)는 다음과 같다.

$$S = s T \qquad\qquad (7\text{-}5)$$

여기서, s는 비례상수이고, T는 변형력(stress)이다. 두식을 정리하면

$$S = s T + d^T E \qquad\qquad (7\text{-}6)$$
$$D = d T + \epsilon E$$

d는 압전 효과의 행렬, d^T는 역압전 효과를 표현한다.

7-4 압전 재료

반도체 음향센서를 설계하기 위해서는 압전 재료의 성능 특성, 신뢰성 및 음향 매개변수 등이 필수적이다. 음향센서에서 설계 상에 고려할 압전 특성은 다음과 같다.

- 전기기계적 결합계수
- 기판과의 우수한 접착력
- 환경적 영향에 대한 저항성
- 반도체 VLSI 공정과의 호환성
- 온도와 가속도 감도
- 비용의 효율성

이와 같은 요소는 고성능의 음향센서를 생산하기 위해 필수적인 항목들이다. 음향센서에서 사용하는 압전 재료로는 단결정, 고분자 및 반도체 등으로 크게 나눌 수 있는데, 보다 구체적으로 설명하면 다음과 같다. 단결정의 압전 재료로는 수정, $LiNbO_3$, $BaTiO_3$, $PbTiO_3$, PZT 등으로 분류할 수 있다. 수정의 사용주파수 범위는 100 kHz에서 30 MHz의 영역으로 유전율이 비교적 작아 임피던스 정합이 어렵다는 단점을 가진다. $LiNbO_3$는 Curie 온도가 높고 고온에서 사용할 수 있으며, 결합계수가 크다. 그리고 고주파 진동자를 제작하기 용이하며, 전기적으로 정합이 쉽다는 장점을 가진다. $BaTiO_3$는 압전계수와 유전율이 크지만, 온도에 따라 특성이 변하기 쉽다는 단점을 가진다. $PbTiO_3$는 약 490℃의 Curie 온도를 가지며, 유전율이 작으나, 고주파 정합이 용이하여 MHz대의 초음파센서에 응용할 수 있다. PZT는 압전계수가 크고 Curie 온도가 높으며, 가격이 저렴할 뿐만 아니라 온도에 대한 특성 변화가 적다는 장점 때문에 음향센서로 가장 널리 응용하고 있다. 초음파센서에 응용하는 고분자 재료로는 PVDF가 주로 이용되며, 사용주파수 범위는 주로 수 MHz에서 수 100 MHz 이상까지 사용된다.

반도체 및 다양한 압전 재료는 ZnO, AlN, PZT 등이 있고, 사용주파수 범위는 수십 MHz에서 수 GHz까지의 고주파수대이며, 최근 우수한 성능의 반도체 소재들이 개발되면서 널리 적용되고 있다. ZnO는 상업용으로 적용한 최초의 압전 재료였고, 높은 압전 결합계수, 뛰어난 안정성과 열전기적 특성 때문에 음향센서로 많이 적용되었다. ZnO의 또 다른 장점은 화학적 식각이 용이하여 다양한 센서 분야에 이상적으로 활용하기 쉽다는 것이다.

1965년 보고된 최초의 스퍼터링 압전 ZnO 박막은 순수 아연 타겟에 산소와 아르곤 혼합물에서 반응성 스퍼터링으로 제조하였다. 후열처리 공정과 개선 사항으로 고품질의 ZnO 박막을 얻을 수 있었고, DC와 RF 마그네트론 스퍼터법을 이용하여 높은 증착속도와 우수한 박막 품질을 얻을 수 있다.

질화 알루미늄(AlN)은 높은 음향 속도뿐만 아니라 습도와 온도에서의 내구성으로 매우 우수한 압전 박막 소재이다. AlN의 압전 결합계수는 비교적 높은 편이지만, ZnO보다 낮고, 대부분의 다른 압전재료보다는 높은 편이다. 고주파 SAW 소자는 MOCVD 방법으로 AlN를 제조하였다. AlN 박막은 고주파의 음향 공진 및 SAW 센서로서 가장 매력적인 소재이다.

반도체 집적센서를 제조하기 위한 높은 결합계수의 압전 재료에 대한 요구가 매우 많으며, PZT 박막은 반도체 센서에서 매우 유용한 재료이다. PZT의 결합계수는 ZnO나 AlN보다 10배 이상 크며, 열전기적 반응과 자발 분극이 큰 재료로 IR 검출기에 적합하다.

7-5 압전형 마이크로폰

음향센서의 종류를 구분하면 크게 두 가지로 나눌 수 있는데, 마이크로폰과 초음파센서이며, 먼저 마이크로폰에 대해 알아보기로 한다. 마이크로폰을 구분하면, 압전형 마이크로폰, 정전용량형 마이크로폰, 일렉트렛 마이크로폰 및 저항형 마이크로폰을 분류하며, 본 장에서는 몇 가지만 고려한다.

이미 앞서 기술한 압전 효과를 이용하여 간단한 마이크로폰에 응용되어 설계될 수 있다. 압전 수정체는 기계적인 응력을 전기적인 신호로 직접 변환하는데, 압전형 마이크로폰으로 빈번히 사용되는 재료인 압전 세라믹은 고주파에서도 동작할 수 있다. 이는 압전센서가 초음파의 영역에서도 사용되기 때문이며, 이어지는 절인 압전형 초음파센서에서 자세히 기술할 것이다. 물체는 외력에 의해 변형이 생기고, 이러한 변형에 비례하여 물체 내에 전하가 발생하며, 이는 바로 전압으로 표현된다. 이것이 압전 효과이고, 세라믹 결정 혹은 고분자 박막에서도 대단히 큰 압전 효과가 보고되고 있다.

세라믹을 이용한 압전형 마이크로폰의 기본 구조는 그림 7-3에서 보여준다. 이는 원판 모양의 압전 세라믹으로 상하 양면에는 전극을 구성한다. 이때 전극은 전기 전도성의 에폭시를 이용하여 도선과 연결된다. 세라믹 마이크로폰의 출력 임피던스는 매우 크기 때문에 입력부에 임피던스 증폭기가 필요하기도 하다. 세라믹 마이크로폰도 정전용량형의 마이크로폰과 유사하게 출력전압이 진동판의 진동 변위에 비례하기 때문에 진동계는 탄성 제어가 되도록 설계되어야 한다.

세라믹 마이크로폰은 소형이고, 경량이며, 값이 싸다는 장점을 가지고 있지만, 진동계의 공진을 제어하기가 비교적 곤란하다는 단점을 가지고 있다. 교통량을 측정하여 신호체계를 제어하거나 침입자 탐지용 등을 목적으로 수검소자로 세라믹 압전소자를 사용한다. 주파수 영역은 목적에 따라 약간 다르지만, 약 26 kHz 정도를 이용하고 송신기와 수신기를 대향시켜 검출하게 된다. 그리고 수중에서 어군탐지나 자원탐지용으로 사용하는 하이드로폰(hydrophone)은 수 kHz 이하의 저주파영역에서 수감하는 음향센서로 수감부는 압전소자이다.

일반 계측기용으로 세라믹 마이크로폰이 한때 많이 이용되기도 하였지만, 현재는 그리 많이 사용되지 않고 있는 실정이다. 그리고 폴리불화비닐리덴과 같은 고분자가 압전 마이크로폰에 응용되기도 하는데 가공성이 용이하고, 가용성이 좋으며, 자유로이 변형하기 쉽다는 특징을 가지고 있다. 반도체 공정기술을 도입하여 최근에 제조되는 MEMS 마이크로폰은 정전용량형과 압전형 방식으로 구분되며, MEMS 마이크로폰의 핵심기술은 MEMS 칩 설계와 음향 패키지를 포함한 마이크로폰 모듈로 구성한다. 특히, 마이크로폰의 출력신호를 검출하기 위한 검출회로와 신호 증폭을 위한 증폭기 및 마이크로폰의 초소형화 등을 개선하는 추세이다.

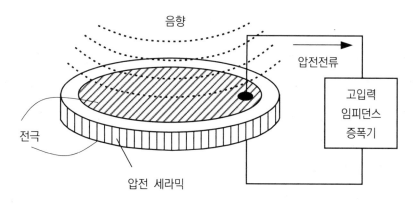

그림 7-3 ▎압전형 마이크로폰의 기본 구조

7-6 정전용량형 마이크로폰

정전용량형 마이크로폰의 기본 구조는 커패시터이며, 평행한 평판의 커패시터에 전하가 주어지면, 평행판 사이에는 전압이 유기되고, 이는 다음 식 (7-7)과 같이 나타난다. 한편, 커패시터는 평행판 사이에 거리에 의존하고, 식 (7-8)와 같이 표현된다.

$$C = \frac{q}{V} \tag{7-7}$$

$$C = \frac{\epsilon_o A}{d} \tag{7-8}$$

여기서, ϵ_o 는 $8.854 \times 10^{-12} \, C^2/Nm^2$ 으로 고유 유전율이고, d 와 A 는 각각 평행판 사이의 거리와 면적이다. 두 식을 근거로 전압에 대하여 정리하면 다음과 같다.

$$V = \frac{qd}{\epsilon_o A} \tag{7-9}$$

상기 식은 정전용량형 마이크로폰의 동작에 기초가 되는 식으로서 커패시터형 마이크로폰이라고 하기도 한다. 그림 7-4는 정전용량형 마이크로폰의 기본 원리를 나타내는 것으로 음압에 따라 진동 변위하는 가동 전극인 진동막과 아주 좁은 간격으로 대향하는 고정 전극의 평행판이 커패시터를 구성하고 있다. 음압의 영향으로 진동막이 변하면 정전용량이 변하게 된다. 이와 같은 정전용량을 전기 신호로 검출하는데 전극에는 직류 바이어스 전압이 인가된다.

정전용량형 마이크로폰의 출력전압은 진동막의 진동 변위에 비례하기 때문에 진동계는 주파수에 관계없이 일정한 크기의 구동력에 대하여 일정

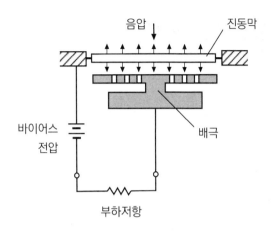

그림 7-4 ▮ 정전용량형 마이크로폰의 기본 구조

한 진동 변위가 생기도록 설계하여야 한다. 이를 탄성 제어라고 하고, 탄성 제어의 진동계에서는 주파수 응답을 평탄하게 하여 사용하는 주파수의 범위가 공진을 진동계의 저항 성분으로 적당하게 제어하도록 결정하는 공진 주파수 이하의 주파수 범위로 한다.

계측용의 마이크로폰은 여러 조건 중에서 안정성이 좋고, 감도가 높으며, 주파수의 영역이 넓은 것이 요구된다. 진동막의 재료로 폴리에스테르와 같은 고분자에 금속을 증착하여 사용되기도 하지만, 온도와 습도에 의한 특성이 변하기 쉽다. 보통 막의 두께는 $2\sim5\,\mu m$ 정도이고, 배향되는 전극이나 본체의 재료도 역시 온도 등의 변화에 대해 변화가 적어야 하기 때문에 대개 진동막과 동일한 재료를 선택하는 것이 일반적이다. 최근 대부분의 정전용량형 마이크로폰은 실리콘 다이어프램으로 제작되고 있으며, 이러한 다이어프램은 음압을 변위로 변환하는 동시에 커패시터의 가동 전극으로 동작한다. 감도를 높이기 위해 가능한 인가전압이 커져야 하는데, 이는 다이어프램의 정적인 변형도 커지기 때문에 내충격성과 동적측정범위는 감소한다. 이외에 다이어프램과 전극 사이에 공극이 좁아지면, 고주파수에서 마이크로폰의 기계적인 감도는 감소하게 된다.

7-7 압전형 초음파센서

압전형 초음파센서는 강유전체인 압전재료를 많이 사용하고 있으며, 이는 압전체의 압전 효과를 이용하였는데, 압전효과에는 직접효과와 역효과가 있다. 압전체의 직접효과는 외부에서 응력을 가하게 되면 압전소자의 출력단으로 전기신호가 발생하는 현상이고, 역효과는 소자에 전압을 인가하면 기계적인 변위를 일으키는 현상을 일컫는다. 이러한 두 현상을 구별하지 않고 보통 압전효과라고 부른다. 압전소자의 재료에 따라 초음파의 감지대역은 수십 kHz에서 수 GHz까지 검출이 가능하다.

그림 7-5에서는 압전 진동자의 기본 구조와 진동모드의 양상을 나타내는데, 그림 (a)에서와 같이 유니모프형 압전 진동자의 구조는 금속 다이어프램을 한쪽 면에 부착하여 탄성체의 역할을 하게 되는데, 압전 세라믹의 수축과 팽창에 따라 소자가 휘어지게 된다. 즉, 압전 세라믹에 전압을 인가하면, 중심부와 테두리 부분이 반대방향으로 진동하여 그림에서 나타나듯이 상하진동을 하게 된다. 그리고 그림 (b)에서는 바이모프형(bimorph-type) 진동자를 나타내며, 가운데에 위치한 금속 탄성체를 중심으로 상하에 압전 세라믹을 부착한 구조이다. 이와 같은 압전 진동자는 출력전압이 크고, 기계적 강도가 크며, 온도나 습도에 대한 특성이 우수하다.

압전형 초음파센서의 재료로는 수정과 같은 단결정, 티탄산 바륨이나 지르콘티탄산납과 같은 강유전체, 및 CdS와 같은 반도체를 이용할 수 있는데, 수정은 안정성이 좋고 손실이 적다는 장점이 있지만, 변환 효율이 낮다는 단점을 가진다.

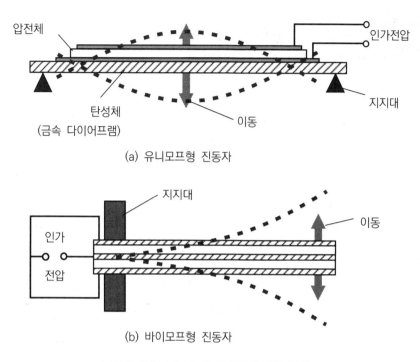

(a) 유니모프형 진동자

(b) 바이모프형 진동자

그림 7-5 ▌ 압전 진동자의 구조와 진동 양상

반면에 세라믹은 가격이 저렴하고 첨가물을 조절하여 특성을 제어할 수 있는 장점을 가져 초음파센서로서 널리 사용되고 있다. 또한, 고주파를 취급하는 초음파센서에서는 두께를 얇게 요구하기 때문에 ZnO 박막 등이 이용되며, 폴리플루오르화비닐리덴(PVDF)와 같은 고분자 필름은 압전 특성이 뛰어나고, 음향 임피던스가 물이나 생체와 유사하기 때문에 이용하기 좋은 재료이다.

압전형 초음파센서의 구조는 사용하는 목적에 따라 달라지는데, 고체를 대상으로 하는 경우에는 세로파용, 가로파용, 표면파용 등으로 구분하고 있고, AE 검출용 등 고감도가 요구되는 경우에는 압전체의 공진 특성을 가진 것도 사용된다. 그리고 액체를 대상으로 하는 경우에는 비교적 단순한 구조를 많이 사용하지만, 바다 속이나 생체 내부를 촬영할 때는 많은 압전 소자를 어레이 구조로 사용한다.

7-8 SAW 초음파센서

SAW(surface acoustic wave; 표면탄성파) 초음파센서는 압전체의 표면으로 전파되는 횡파의 일종이며, 파의 발생이나 검출은 그림 7-6에서 나타내는 바와 같이 빗 모양의 전극에 파장의 1/2 간격으로 늘어놓은 전극을 사용한다. 전압을 인가하면 압전체의 표면이 변형을 일으켜 발생하는 파가 전달된다. 이러한 표면탄성파는 일명 IDT(inter digital transducer)라고 부르기도 한다.

전극에 교류전압을 인가하면, 그림에 나타나듯이 탄성파는 표면에서 속도 v를 가지고 전극에 수직한 방향으로 진행한다. 한편, 수신부에서는 표면탄성파를 전기신호로 변환하여 출력하게 된다. 즉, 센서의 송신부와 수신부 사이에 공간은 감지하려는 양과 작용하거나 반응하는 영역이다. 그리고 빗 모양의 전극 사이에 거리는 탄성파의 반파장과 같아야 하는데($d = \lambda/2$), 이는 간섭을 강화하고 동상이 되어야 하기 때문이다. 이때, 주파수를 공진 주파수(resonant frequency; f_{res})라고 하며, 다음 식으로 나타난다.

$$f_{res} = \frac{v}{\lambda_{res}} \tag{7-10}$$

$$v = f_{res}d/2 \tag{7-11}$$

여기서, v는 탄성파의 진행속도, λ_{res}는 파장이고, d는 공진기 두께이다. 표면탄성파의 속도는 기판의 밀도와 탄성계수에 의해 의존한다. 이러한 주파수에서 전기 에너지는 최대의 효율을 가지고 탄성파 에너지로 변환하게 된다. 일반적으로 사용되는 주파수의 범위는 수십 MHz에서 수 GHz 정도의 고주파이다.

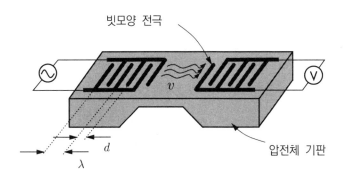

빗모양 전극

압전체 기판

그림 7-6 ▎SAW 초음파센서의 구조

기판 표면에 증착되는 질량의 양을 측정하기 위해 음향센서를 이용하는 방법을 나타내면, 단위 면적당 질량(Δm)을 추가하여 발생하는 석영 벌크 파 공진기의 주파수 변화율($\Delta f/f_{res}$)이 중량 감도 인자(S_m)에 의해 다음과 같이 나타난다.

$$\Delta f/f_{res} = S_m \Delta m \qquad\qquad\qquad (7\text{-}12)$$

여기서 $\Delta f = f_{loaded} - f_{res}$는 부하 시에 공진 주파수와 무부하 시에 공진 주파수 사이의 주파수 변화를 의미한다. 비례 계수인 S_m은 센서를 경화시키지 않은 부하 상태에서의 순수한 질량의 음수 값이다. S_m의 수치는 음향센서의 설계, 재료 및 동작 주파수 혹은 파장에 따라 달라진다. 예를 들어, 6 MHz에서 수정 공진기의 주파수는 단면적 제곱센티당 $12 \times 10^{-9} g$의 가스 분자가 한 면에 흡착되면 1 Hz 감소하는 것으로 나타난다. 적절하게 설계된 음향센서를 사용하면, 단일층(mono-layer)의 증착에 대한 응답을 쉽게 얻을 수 있다.

이미 2장에서 기술한 바와 같이 음향센서의 제조에 관련한 내용은 반도체 공정기술에서 다루었으며, SAW 센서는 실리콘 미세가공을 이용하여 제조하게 된다. 실리콘 미세가공기술은 압저항이나 압전 감지부에 멤브레인 박막이나 캔틸레버 빔을 제조하기 위해 사용한다.

CHAPTER

화학센서

8-1 화학센서의 개요

최근 세계적인 규모로 환경문제에 대해 많은 논의가 이루어져 왔는데, 이로 인하여 환경의 상황을 계측할 수 있는 다양한 종류의 환경센서가 빨리 실현되기를 갈망하고 있는 실정이다. 특히 공해문제를 고려해보면, 경제나 산업의 발전을 비롯하여 환경의 재정비를 위해 모두 고려하여 동시에 개발이 이루어져야 하겠지만, 일부 상반되는 문제들이 매우 많다. 원래, 기술의 진보는 인간의 쾌적한 생활을 추구하기 위하여 진행되지만, 생활 및 자연의 환경을 희생하면서까지 기술혁신이 이루어지는 것은 결코 바람직하지 않다. 따라서 비약적인 기술혁신에 의해 얻게 되는 고도의 기술이 있는 반면에, 악화되어 가는 환경을 계측하고, 정리해야 할 필요성이 대두되고 있다. 인간이 환경에서 요구되는 쾌적한 대상으로는 청정한 자연의 대기, 무해한 음료수, 적절한 온도와 습도 등이 있으며 이외에 많은 환경요인 등을 고려하여야 한다.

그림 8-1에서는 화학센서의 동작시스템 구조를 나타내고 있는데, 기본적인 동작은 물리센서의 구성과 거의 동일한 시스템을 갖는다. 다만, 화학센서는 복잡한 화학물질을 감지대상으로 하기 때문에 감응물질이나 감응막 표면의 친화력, 흡착력 및 촉매 등을 이용하여 분자식별을 하게 된다.

화학센서는 각종 이온의 농도, 산소나 이산화탄소와 같은 가스의 농도 등과 같이 다양한 화학물질 혹은 생물에서 유래한 물질을 감지하는 센서를 의미한다. 폭넓은 의미에서 화학센서는 온도센서, 습도센서, 가스센서, 이온센서와 바이오센서를 포괄하여 총칭하는 센서이기도 하며, 대표적으로 가스센서를 의미한다. 온도센서와 습도센서는 다양한 자동화산업과 제조공정분야에서 중요성이 높기 때문에 이미 앞장에서 기술하였다. 본장에서는 화학센서 중에 가스센서와 이온센서를 기술하고자 한다. 화학센서는 다양한 화합물이나 원소에 의해 발생된 자극에 대해 민감하다. 이러한 센서에서 가장 중요한 성질은 감도이고, 이외에 화학센서에서 중요한 것은 아주 미세한 출력인 전기신호에 대해 고려하여야 한다. 화학센서는 특정 물질의 존재와 그 물질의 농도 등을 알아내기 위한 것이다. 예로서, 산소센서는 대기 중에 산소의 농도를 감지하거나 용해되어 있는 농도를 검출한다.

이와 같은 화학센서의 측정원리는 다음 두 가지 방식으로 동작하는데, 하나는 화학반응을 중심으로 얻어지는 화학량을 전기신호로 변환하여 나타낸 것이며, 대표적으로 환원성 가스센서나 산소센서 등이 이러한 방식을 이용하고 있다. 다른 하나는 화학량을 질량과 같은 물리량으로 변환하고, 이를 다시 전기신호로 변환하는 방식이 있다. 사실 화학센서는 기술적으로 상당히 다루기 어려운 소자이지만, 최근 전자공학의 마이크로프로세서를 이용한 신호처리가 용이해짐에 따라 급속히 개발되기 시작하였다. 화학센서가 사용되는 대표적인 분야는 가정용 연료가스센서로서 가스누설에 의한 폭발사고를 미연에 방지하기 위해 널리 보급되고 있으며, 산소센서는 자동차 및 가스를 제어하는 공정분야 등에 많이 사용하고 있다.

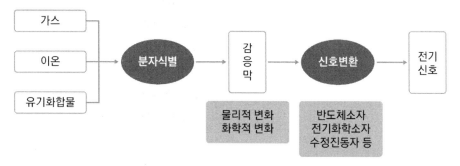

그림 8-1 ∥ 화학센서의 동작 시스템

8-2 화학센서의 분류

화학센서는 물질 자체를 측정하기 위한 센서이며, 각 물질 혹은 분자를 인식하는 부분과 인식한 것으로 신호로 변환하는 부분이 일체화되어 구성한다. 화학센서의 출력신호는 일반적으로 전압, 전류, 저항 및 전기 용량과 같은 전기신호가 이용되지만, 빛의 굴절률이나 편광률과 같은 광신호도 이용된다. 표 8-1에서는 화학센서를 기능별로 나누어 감응 재료에 따라 나타낸다. 자극응답에 따라 물리적인 자극과 화학적인 자극으로 분류하며, 이러한 자극에 감응하는 소재에 따라 분류하여 나타낸다.

표 8-2는 화학센서의 역사를 간단히 정리하여 나타내며, 20세기 초반 유리 전극의 발명에서부터 시작하였다. 화학센서라는 명칭은 1962년 일본 큐슈대학의 Aoyama 교수가 제창한 것이며, 이후 반도체 제조기술을 적용하여 센서를 소형화·경량화 및 저가격화를 통해 더욱 발전하였다.

표 8-1 | 기능별 화학센서의 분류

센서	자극응답	종류
화학센서	물리적 자극	전계감응재료
		자계감응재료
		광감응재료
		방사선감응재료
		온도감응재료
	화학적 자극	분위기감응재료
		이온인식재료
		분자인식재료

표 8-2 ▍화학센서의 역사

연도	개발사
1909	Harber 등이 pH 측정용 유리 전극 개발
1935	Beckman이 pH 측정센서를 제품화
1962	Pungor 등이 고체막 이온 선택 전극 개발
	Clark 등이 글루코오스 효소 전극 개발
	Aoyama Detzro 등이 처음으로 화학센서 명명
1970	Bergveld 등이 ISFET 소자 개발
1975	Lundstrom 등이 Si-MOSFET 가스센서 개발
1991	Matzsita 전자공업에서 반도체형 글루코오스 센서 제조 시작
1997	신전원에서 ISFET-pH 센서 상품화

표 8-3 ▍화학센서의 응용

응용분야	목적	센서의 응용
가정	화재 환경 제어	LPG, LNG, 산소, CO, 연기 등 경보기 습도, 담배연기 등의 검출기 에어컨, 가습기, 건조기, 환기팬, 스토브
자동차	환경제어 연비제어	습도, CO 검출기, 산소 검출기
산업 및 제조공정	방재 환경제어공정	가연성 가스, 독성 가스, 각종 가스검출기 pH 측정기, 이온농도 측정기
환경	수질, 대기측정 오염측정 환경감시	CO, NO_x 등 각종 가스 이온 및 습도측정기
의료	검진 치료	혈액 pH, 혈중 CO_2 농도측정기, 호흡기 중 CO_2 측정기, 마취가스 농도측정기

표 8-3은 화학센서의 응용분야에 대해 간단히 정리한 것이다. 화학센서 시장은 가정을 비롯하여 자동차, 산업, 의료, 환경, 가스환경 모니터링 및 군사 등 다양한 분야에서 사용하고 있으며, 사용자의 수요와 공급을 위해 더욱 세분화되는 추세이다.

8-3 가스센서

가스센서는 인간의 오감 중 후각에 해당하는 기능을 가진 소자로서 공기 중에 각종 가스를 검출하는 화학센서의 일종이다. 사실 인간에 의해 개발된 무수히 많은 센서들 중에 가스센서가 중요시되는 이유는 생명환경에 기본이 되는 공기를 대상으로 감지하는 센서이기 때문이다. 가스센서는 주위의 분위기 중에 특정가스에 대해서만 동작하는 가장 기본적인 센서로서, 지금까지 가격을 낮추면서 성능이 우수한 소자와 시스템으로 추구되어 왔다.

최초의 가스센서는 1923년 Pt 선으로 만들어진 연소성 필라멘트 센서이며, 이러한 필라멘트는 상온보다 수백도 높은 온도를 유지하는 환경에서 촉매에 의해 공기 중에 존재하는 임의의 연소성 가스를 하기 위해 응용하였다. 즉, 백금선은 온도가 증가하면 저항이 커지는 효과를 이용하여 브리지 회로를 통하여 측정하였다. 이후 점차로 센서의 기능이 향상되면서 출력전압이 높은 소자를 만들 수 있었고, 1960년대 일본에서 가정용 LP 가스를 검출하는 저렴한 센서가 생산되었다. 그리고 실제로 가스검출장치로 시작한 가스센서의 역사는 비교적 짧은 편으로 반도체 가스센서는 1962년에 반도체 접촉반응기구(semiconductor catalysis mechanism)를 기초로 만들어진 센서로 처음 소개되었는데, 박막 ZnO가 가스를 흡수하면 전기저항이 변하는 현상을 이용한 것이다. 또한, 1972년에 일본의 N. Taguchi에 의해 각종 가연성 가스를 광범위하게 감지할 수 있는 센서를 실용화하였으며, 이러한 센서는 SnO_2를 주성분으로 만들어진 후막형 소자로 개발되어 다른 가스센서의 본보기가 되었다. 특히, SnO_2 가스센서는 여러 가지 가스들의 농도에 따라 전기저항이 변하는 특성을 이용하여 쉽게 가스를 검출할 수 있으며, 경보 시스템이나 검출기를 활성화하기 위한 측면에서 매우 활용적인 센서로 이용되었다. 최근에는 수정 진동형과 표면탄성파 (SAW)를 이용한 센서나 광섬유를 이용한 가스센서 등이 개발되고 있다.

표 8-4는 가스센서의 간단한 개발사를 나타내고 있고, 가스센서의 개발은 별크형에서 시작하여 후막형, 박막형 및 마이크로화 등의 순서대로 점차 소형화와 대량생산의 방향으로 진행하고 있음을 나타낸다. 가스는 무색, 무취, 무형의 특성에 손으로 잡을 수도 없고, 위험가스의 판별이 어려우며, 농도의 정량도 거의 정확히 알 수 없는 실정이다. 따라서 선택성이 우수한 고감도의 가스센서를 필요로 하고 있다. 가스를 감지하기 위해서는 인간의 오감 중에서 후각에 해당하는 기능을 가진 소자를 이용하며, 대기 중에 각종 가스를 검지하기 위해 가스의 화학적 성질을 이용하여 특정 성분을 검출하고 전기신호로 변환하게 된다.

표 8-4 ▌ 가스센서의 개발사

연도	연구자	개발 내용
1923	Johnson	• 촉매연소식 센서
1934	H.S. Taylor	• 수소와 ZnO의 화학흡착
1940	D.A. Dowden 등	• 접촉반응과 전자밀도
1957	K. Kiukkola 등	• 지르코니아 산소센서
1959	S.J. Elovich	• 고체표면 흡착율
1960	S.R. Morrison	• SnO_2 흡착과 표면장벽효과
1965	J.E. Houston 등	• SnO_2의 흡착현상
1971	Mizokawa와 Nakamura	• SnO_2의 산소/수소 흡착
1972	N. Taguchi	• 가연성 가스센서 개발
1973	Sato와 Tanabe	• SnO_2 투명전도막 생성
1975	Lunstrom	• MOS형 수소 가스센서
1978	Nitta와 Haradome	• 프로판가스 감지소자
1978	Nitta 등	• 후막형 CO 가스센서
1980	G.N. Advani와 A.G. Jordan	• SnO_2 박막 가스센서
1984	K. Dobos와 Zimmer	• MOSFET형 가스감지센서
1986	K.C. Persaud와 Dodd	• 센서 어레이

8-4 가스센서의 종류

가스센서는 가스 성분을 분석하는 방법에 따라 습식분석법, 열전도도법, 질량분석법, 흡광법, 광화학법 및 전기화학법 등으로 나눈다. 표 8-5는 많이 사용하고 있는 가스를 검출하는 방법과 재료를 나타낸다. 그리고 가스센서를 구성에 따라 분류하면, 크게 건식 가스센서와 습식 가스센서로 나눈다. 건식 가스센서는 광간섭이나 열전도에 의한 반응을 일으키기 위해 고온으로 가열하거나 가스와의 접촉반응에 따라 반응전류가 변하는 것을 측정하여 검출하게 되며, 주로 건조한 분위기에서 발생하는 특징을 가진다. 그리고 습식 가스센서는 전해액 속에서 화학반응으로 이온량, 기전력 혹은 전류변화 등을 검출하게 된다.

가스센서가 실용화되기 위해서는 몇 가지 요건을 갖추어야 하며, 감도(sensitivity), 선택도(selectivity), 안정도(stability), 속도(speed) 등이다. 즉, 가스센서는 검출감도가 높고 낮은 농도의 기체라고 하더라도 검출하여야 하고, 공존하는 가스에 영향을 주지 않으면서 선택적으로 가스를 검출하여야 한다. 그리고 온도나 습도 등에 영향을 받지 않고 안정된 감도로 빠르게 반복적으로 검출하여야 한다. 가스센서의 응용 분야는 매우 넓은 편으로 음주 단속을 위한 알코올센서, 가정이나 산업용의 가스 누출 경보기, 화재를 대비한 유독 가스센서 등 다양하게 사용된다. 가스센서의 용도는 자동차용, 의료용, 국방용, 방재용 및 환경 측정용 등으로 이용되고 있고, 가스의 종류, 사용목적과 용도에 따라 여러 가지 형태와 기능을 가진 가스센서가 개발되고 있다. 최근 환경문제와 관련하여 산소 및 환경오염가스의 측정이 검출대상으로 지목되고 있으며, 각종 가스센서가 활발하게 연구되고 있다. 가스센서는 기체와 물질 사이의 상호 작용을 이용하는 것으로 다양한 감지 방식이 채택되고 있으며, 원리상으로 분류하면 반도체형,

고체전해질형, 전기화학형 및 접촉연소형 등으로 나누어지고, 다음 절에서
는 반도체 가스센서에 대해 기술한다.

표 8-5 ▌가스센서의 검출방법과 종류

분류	검출법		센서재료	대상가스
반도체 가스센서	전기 저항식	표면 제어형	SnO_2, ZnO, In_2O_3, WO_3, V_2O_4 귀금속증감제, 유기반도체, 안트라센, 금속프탈로시아닌	가연성가스(LPG, LNG 등), NO_2, CO, CCl_2F_2
		벌크 제어형	γ-Fe_2O_3, α-Fe_2O_3, CoO, Co_3O_4, $SrSnO_3$, SnO_2, TiO_2, CoO-MgO, MnO	가연성 가스, O_2
	비전기 저항식	다이오드 정류형	Pd/CdS, Pd/TiO_2, Pd/ZnO_2, Pt/TiO_2, Au/TiO_2,	H_2, CO, SiH_2
		트랜지스터 제어형	Pd, Pt 혹은 SnO를 게이트로 구성한 MISFET	H_2, CO, H_2S, NH_3
		정전용량형	고분자감온막/MISFET	H_2O
고체전해질 가스센서	전지기전력		CaO-ZrO_2, Y_2O_3-ZrO_2, Y_2O_3- ThO_2, β-알루미나, $Ba(NO_3)_2$, Na_2SO_4, LaF_3, $PbSnF_4$, $PbCl_2$, K_2CO_3	O_2, 할로겐, SO_2
	혼성전위		CaO-ZrO_2, $Zr(HPO_4)_2 \cdot nH_2O$, 유기고분자전해질막	CO, H_2
	전해전류		CaO-ZrO_2, YF_3, LaF_3	O_2
	단락전류		$Sb_2O_5 \cdot nH_2O$	CO, H_2
전기화학식 가스센서	정전위 전해전류		가스투과막+귀금속전극	CO, NO, SO_2, O_2
	갈바니 전지전류		가스투과막+귀금속전극	O_2, NH_3, Cl_2, H_2S
접촉연소식 가스센서	연소열/전기저항		Pt선조+촉매(Pd-/Pt-Al_2O_3, CuO)	가연성 가스
수정진동식 가스센서	공진주파수		도포막+수정진동자	SO_2, NH_3, NO_2, H_2, 살충제, CO

8-5 반도체 가스센서

　반도체 가스센서는 전기저항을 이용한 저항 방식과 이와 반대인 비저항 방식으로 구분된다. 저항 방식을 이용한 반도체 가스센서의 기본원리는 기체성분이 반도체의 표면에서 화학적인 반응에 의해 전도전자의 밀도변화로 인하여 전기저항이 변하는 원리를 응용한 것이다. 이러한 화학적인 작용은 다음과 같은 4가지의 단계로 발생하는데, 반도체 표면에서 산소의 사전흡착, 특정 가스의 흡착, 흡착가스와 산소와의 반응으로 전자를 주고 받는 과정, 반응가스의 탈착 등의 순서로 일어난다.

　반도체 가스센서는 SnO_2 혹은 ZnO를 모체로 하는 소자가 대표적이고, 이들은 환원되기 어려운 산화물이다. 이와 같은 산화물 반도체는 표면에서 전자의 수수작용이 일어나 저항의 변화와 표면전위 등이 발생한다. 더욱이 반도체에 고온을 가하면 기상분자와의 상호작용으로 반도체의 내부까지 진행하여 산화물 내부의 결합농도가 영향을 받아 전기저항이 변한다. 즉, Fe_2O_3, CoO 및 TiO_2 등은 환원성 가스와 접촉하게 되면 산화물 소자의 내부까지 특성의 변화를 일으키기도 한다. 그리고 WO_3, In_2O_3 등과 프탈로시아닌 등 유기 반도체가 이용되기도 한다. 이와 같은 센서는 미량의 귀금속을 첨가함으로서 감도를 향상시킬 수 있고, 또한 이에 아울러 선택성 부여가 비교적 용이하다는 점 등의 장점을 가지고 있어 일반적인 가스센서로 상용화되고 있다. 그리고 비저항 방식의 반도체 가스센서는 다이오드나 MOSFET에 감지 게이트 물질을 사용하여 감지 대상이 되는 기체가 접촉하면 용량-전압 특성이나 전류-전압 특성이 변하는 것을 응용하였다.

　그림 8-2는 각종의 반도체형 가스센서의 구조를 보여주고 있으며, 산화물 반도체의 형성 방법에 따라 분류한 것이다. 즉, 후막형, 커패시터형, 박

막형 및 MOSFET형 등의 소자 형태를 나타내며, 센서의 제조에 있어 반도체 재료를 소결하거나 절연기판 상에 박막이나 후막을 형성하는 방법이다. 그림 중에 (a)와 (c)는 저항 방식을 이용한 가스센서의 구조를 나타낸다. 그림 (a)는 후막소자는 수십 μm 정도이며, 산화물을 포함한 페이스트를 스크린 인쇄법으로 절연기판 상에 인쇄하여 도포하고, 건조 및 소성에 의해 제조하게 된다. 그림 (b)는 커패시터형 소자이고, (c)는 박막형 소자로 절연체 기판에 산화물 반도체와 전극을 진공증착장비로 증착한 것이며, 양산성이 우수하지만, 박막의 제조조건에 따라 특성이 매우 다르다. 그리고 그림 (f)는 비저항 방식으로 감지 게이트 물질을 실리콘칩 위에 집합시킨 집적형 소자이다.

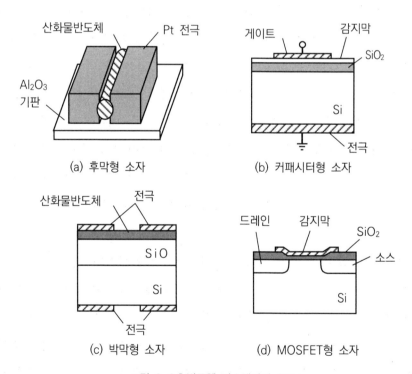

(a) 후막형 소자

(b) 커패시터형 소자

(c) 박막형 소자

(d) MOSFET형 소자

그림 8-2 ┃ 반도체 가스센서의 종류

8-6 반도체 가스센서의 계면 특성

비저항 방식을 이용한 반도체 가스센서는 다이오드형과 MOSFET형이 있고, 센서의 검출방식은 전기저항의 변화를 이용하는 것이 아니라, 트랜지스터의 문턱 전압이나 다이오드의 전류-전압 특성의 변화를 이용한다. MOSFET에 의한 가스센서는 게이트에 감지 물질로서 Pd 혹은 Pt막을 이용하여 수소 가스에 민감한 센서를 만든다. 또한 Pd층이나 Pt층은 두께가 약 100 Å 정도로 얇은 막을 만들고, 직경 $2 \ \mu m$ 정도의 작은 구멍을 형성하면 CO 가스를 감지할 수 있는 센시이다.

반도체 가스센서의 소재는 반도체 성질을 가진 금속 산화물인 세라믹이며, 금속원자가 과잉이면 산소 결핍으로 인하여 n형 반도체가 되고, 금속원자가 결핍인 경우에는 p형 반도체가 된다. 이러한 세라믹 반도체는 전기전도도가 크고 융점이 높아 사용온도 영역에서 열적으로 안정한 성질을 가진 반도체를 주로 이용한다. 반도체 가스센서는 대부분의 유독가스나 가연성 가스와 반응하여 감지하게 되며, 센서 제작이 용이하고 검출회로의 구성이 간단하다는 특징이 있다. 그러나 감지하려는 가스만을 선택적으로 검출할 수 있는 우수한 세라믹 소재로는 SnO_2, ZnO와 Fe_2O_3 등이 있다.

그림 8-3은 SnO_2 가스센서의 입자계면에서 전위장벽의 변화에 따른 전기전도도를 나타내는 과정을 나타낸다. SnO_2 세라믹은 반도체 특성을 가지며, 일반적인 결정의 결함 중에 주기적인 원자의 배열에서 산소의 결핍으로 인한 n형 반도체 특성을 나타난다. SnO_2 입자 내에 열에너지가 주어지면 많은 전자가 자유로이 움직이게 되며, 그림에서와 같이 O_2가 흡착하면 자유전자는 입자표면의 산소기체에 포착된다.

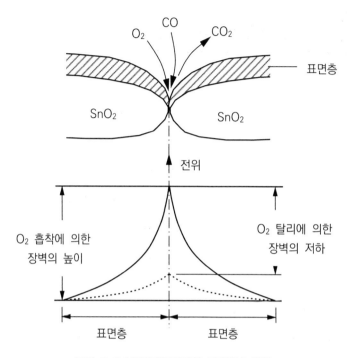

그림 8-3 ▮ 입자계면에서의 전위장벽 변화

 따라서 SnO_2 입자계면에 전위장벽이 형성되어 입자 사이의 전기전도도는 낮아진다. 그러나 환원성 가스 혹은 가연성 가스가 산소기체와 만나면 산화되어 SnO_2 표면에 흡착되어 있는 산소기체를 제거하며, 산소기체에 포획되어 있던 자유전자는 SnO_2 입자 내로 이동하여 전위장벽이 낮아져 전기전도도는 커지게 된다. 즉, 산소기체의 흡착과 탈착은 가스센서의 감도를 결정하게 된다. 이와 같은 가스센서의 원리에서 산소기체의 흡착량을 크게 하기 위해서는 SnO_2 분말의 표면적을 증가시켜야 하고, 산소 흡착이 최대가 되는 온도로 높여야 한다.

 가스센서에서 사용하는 SnO_2 분말의 입자는 약 30 nm 정도이고, 표면의 온도는 350~400℃ 정도이다. 일반적으로 물리적 및 화학적 흡착이나 탈착과 화학반응을 이용한 가스센서는 고온에서 동작하며, 장시간 사용하면 특성의 열화가 심한 편이다.

8-7 고체전해질형 산소센서

고체상태의 절연체 중에는 수백 ℃의 고온에서 이온의 이동에 따라 도전성을 나타내는 것이 있다. 이와 같은 물질을 이온 전도체 혹은 고체 전해질이라고 부른다. 최초의 고체전해질형 가스센서는 1977년 캐나다의 Gauthier 등에 의해 제시되었으며, 동작원리는 K_2CO_3을 이온 전도체로 사용하고, 양면에 Pt 전극을 부착하여 가열하면 양극 부근에서 검출 대상가스인 CO_2의 농도차가 발생한다. 따라서 K_2CO_3 해리평형 상태에서 차이가 나타나며, 이는 Pt 양극의 전위가 변하게 된다.

고체전해질을 가스센서에 응용한 예가 자동차에 이용한 지르코니아 산소센서이다. 그림 8-4는 지르코니아 산소센서의 기본 구조를 나타낸 것으로 한쪽이 밀폐된 원통형 구조를 하고 있다. 고체전해질 산소센서의 기전력은 그림에서 보듯이 산소분압이 높은 쪽이 양극이고, 낮은 쪽이 음극으로 두 전극 사이에 차에 의해 형성된다. 이는 다음 식으로 나타낸다.

$$\text{양극} : PO_2\uparrow : O_2 + 4e_2^- \Leftrightarrow 2O^{2-} \tag{8-1}$$

$$\text{음극} : PO_2\downarrow : 2O_2^- \Leftrightarrow O_2 + 4e^{2-} \tag{8-2}$$

$$E\,[mV] = \frac{RT}{4F}\ln\frac{PO_2\uparrow}{PO_2\downarrow} \tag{8-3}$$

여기서, R 은 기체 상수이고, T 는 절대온도이며, F 는 Faraday 상수이다.

양극과 음극의 산소분압 농도차에 의하여 기전력을 얻게 된다. 지르코니아 센서는 산소가스뿐만 아니라, 용융된 금속 중에 산소 또는 연소가스의 측정에도 이용된다. 또한, 전압출력식 CO 센서와 SO_2 센서 등은 환경측정용 센서로도 응용되고 있다. 일반적으로 고체 전해질은 이온전도율이

크고 전자전도율이 적은 고체재료이며, 이를 사용하여 전기화학셀을 구성한 것이 고체전해질형 가스센서이다. 대표적인 것이 안정화 지르코니아를 사용한 산소센서이며, 매우 우수한 신뢰성을 나타낸다.

　가스센서는 가스 종류에 따라 특정 소자가 사용되고 있다. 특히 산소센서는 환경 시스템 장치, 자동차 가스측정, 금속 정련 장비의 산소농도 측정 등 다양한 분야에서 활발히 적용되고 있다. 이중에서 고체전해질을 이용한 반도체형 산소센서가 많이 사용되고 있으며, 감응원리에 따라 한계 전류형 및 산화물 반도체형으로 분류된다. 한계 전류형은 넓은 산소조성 범위에서 산소 감응이 가능하고 기준전극이 필요 없으며, 비교적 낮은 온도에서도 사용가능하다는 장점이 있다. 반도체 산화물을 이용한 산소센서는 기준 전극 없이 입자크기, 화학구조, 경제성, 빠른 응답속도에 대한 연구가 활발히 진행되었다. 반도체형 산소센서는 주로 가스의 흡착 및 탈착을 이용한 반도체형 가스센서와 가스의 반응성을 이용한 접촉연소형 가스센서가 있다. 반도체 표면에 기체분자가 흡착되면 반도체의 유형과 기체분자의 종류에 따라 반도체의 전기전도도가 변화한다.

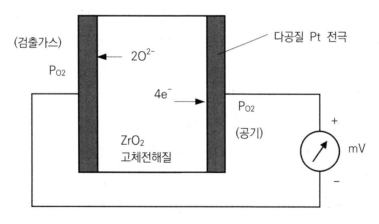

그림 8-4 ▌ 지르코니아 산소센서의 기본 구조

8-8 전기화학형 산소센서

전기화학형 가스센서는 감지 대상 가스를 전기화학적으로 산화 또는 환원하여 외부 회로에 흐르는 전류를 측정하는 장치이며, 또한 전해질 용액 중에 용해 또는 이온화한 가스 상태의 이온이 이온전극에 작용하여 생기는 기전력을 이용한 것도 있다. 전기화학형 가스센서는 동작 방식에 따라 3가지로 구분되는데, 전압을 측정하는 전위차계(potentiometric) 가스센서, 저항률 혹은 도전율의 측정에 의존하는 전도도적정(conductometric) 가스센서 및 전류측정에 의한 전류적정(amperometric) 가스센서 등으로 구분한다. 이러한 방식들은 화학 반응이 일어나던지, 혹은 전하의 전달이 반응에 의해 조정되는 특별한 전극을 이용한다. 전기화학형 가스센서는 폐회로를 형성하여 직류 혹은 교류 전류가 측정되도록 구성한다. 이외에 CHEMFET 가스센서는 전계효과 트랜지스터(FET)를 이용한 화학 전위차계 센서로 널리 사용된다.

전위차계 가스센서는 전기화학 셀 내에 전극과 전해액 사이에 일어나는 산화와 환원반응의 평형상태에서 농도의 효과를 이용한다. 이때, 전위는 전극표면에서 발생하는 산화·환원 작용 때문에 경계면에서 전개된다. 이러한 센서에서 셀의 전위 측정은 영전류에서 이루어지며, 매우 높은 입력 임피던스를 가진 증폭기가 요구된다.

전도도적정 가스센서는 전기화학셀 내에서 전해액의 전도율 변화를 측정하여 감지한다. 이러한 센서는 전극의 분극이나 전하의 전달과정에서 초래되는 용량성 임피던스를 이용하기도 한다. 동종의 전해용액에서 전해액의 컨덕턴스 G는 단면적 A에 수직으로 작용하는 전계 방향의 길이 L에 역비례하게 되며, 이를 식으로 표현하면 다음과 같이 나타난다.

$$G = \frac{\sigma A}{L} \tag{8-4}$$

여기서, σ 는 전해액의 전도율이고, 이온전하의 크기와 농도와 정량적으로 관계된다.

전류적정 가스센서는 1956년에 제시된 바 있는 Clark 산소센서이다. 동작 원리는 산소를 투과할 수 있는 막으로부터 음극의 금속으로 산소를 전달하기 위해 전극 내에 포함된 전해용액을 이용한다. 음극의 전류는 다음과 같은 2단계 산소·환원과정에서 생성된다.

$$O_2 + 2H_2O + 2e^- \rightarrow H_2O_2 + 2OH^-$$
$$H_2O_2 + 2e^- \rightarrow 2OH^- \tag{8-5}$$

그림 8-5는 Clark 산소센서의 기본 구조를 나타낸다. 산소가 얇은 전해층을 통해 음극으로 확산되도록 전극을 따라 펼쳐져 있는 막을 보여주고, 양극과 음극은 모두 센서 내에 포함된다. 전류는 전해액의 두께나 확산 특성에 독립적이고, 테프론(teflon)막은 산소의 투과를 용이하게 하는 재료이다.

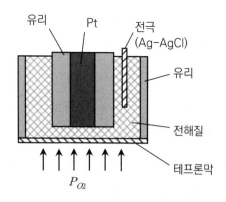

그림 8-5 ▎ Clark 산소센서의 구조

8-9 CHEMFET 가스센서

CHEMFET(chemically-sensitive field effect transistor)는 화학적으로 감지하는 전계효과 트랜지스터이며, 용액 내에 화학물질의 농도를 측정하기 위한 센서이다. 분석하려는 물질의 농도가 변하면, 이에 따라 트랜지스터를 통과하는 전류도 변하게 된다. 용액과 게이트 전극 사이의 농도 기울기는 먼저 대상 분석물에 결합하는 수용체 일부을 포함하는 FET 표면에 반투막에서 발생한다. 전하를 띤 분석물 이온의 농도 기울기는 소스와 게이트 사이에 화학적 전위를 생성시키며, 이를 FET에 의해 측정한다. CHEMFET 가스센서는 소형·경량에 저소비전력으로 여러 분야에서 응용되고 있고, 집적 공정에 의한 제조가 가능한 고체 센서이다. 표면전계 효과는 높은 화학적 선택성과 감도를 부여하는 전위를 생성하기 위해 적절한 기구이다. CHEMFET는 본질적으로 확대된 게이트를 가진 FET로서 트랜지스터의 비금속 표면과 기준 전극 사이에서 전기화학적 전위를 나타낸다.

그림 8-6은 pH 농도를 측정하기 위해 실리콘 나이트라이드(Si_3N_4) 게이트를 포함한 이온 선택성 CHEMFET를 보여주고 있다. 이러한 센서는 측정하고자 하는 용액을 실리콘 나이트라이드 게이트 절연체에 누출함으로서 pH 감도를 얻게 된다. 표면전하 밀도의 변화는 드레인 전류로 측정되는 CHEMFET 채널 컨덕턴스에 영향을 준다. 만일, 바이어스 전압이 CHEMFET의 드레인과 소스에 인가되면 전기화학 전위에 의해 조절되는 전류는 용액에서 다양한 전해액의 첨가농도의 함수이다. 그림에서 보듯이 CHEMFET는 본질적으로 3단자 소자로서 소스, 게이트 및 드레인으로 구성된다.

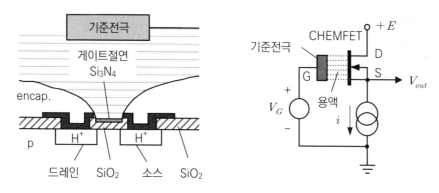

그림 8-6 ▮ 이온 선택성 CHEMFET의 구조

표 8-6 ▮ 다양한 가스에 대한 반응식

가스	반응식	산화·환원 전위
CO	$CO + H_2O \rightleftharpoons CO_2 + 2H^+ + 2e^-$	−0.12 V
SO_2	$SO_2 + 2H_2O \rightleftharpoons SO_4^{-2} + 4H^+ + 2e^-$	+0.17 V
NO_2	$NO_2 + H_2O \rightleftharpoons NO_3^- + 2H^+ + e^-$	+0.80 V
NO	$NO + H_2O \rightleftharpoons NO_2 + 2H^+ + 2e^-$	+1.02 V
O_2	$O_2 + 4H^+ + 4e^- \rightleftharpoons 2H_2O$	+1.23 V

　전기화학은 전하의 이동을 전극에서 고체나 액체 시료에 보내고, 이때 화학변화가 전극이나 시료에서 일어나면서 발생하는 전하와 전류를 측정한다. 전기화학 센서는 항상 적어도 2개의 전극과 전기접촉을 갖는데, 하나는 시료로, 다른 것은 트랜스듀스와 측정 장치로 연결된다. 전기화학센서는 그들의 전기분석 원리에 따라 분류하는데, 전압전류(voltammetric) 센서는 전압-전류 관계의 측정이고, 센서에 전압을 인가하면 전기활성종의 농도에 비례하여 전류가 발생하며, 이를 측정한다. 전위차(potentiometric) 센서는 평형상태에 있는 전극의 전위를 측정하며, 측정하는 동안 전류의 흐름은 없다. 이때의 전위는 전기활성종의 농도에 비례한다. 표 8-6은 전기화학 센서에서 각종 가스의 반응을 나타낸다.

8-10 이온센서

화학센서 중에서 전기화학적인 측정에 의한 원리를 이용하는 이온센서는 분석하고자 하는 용액 중에 특정한 이온을 선택적으로 감응하고, 특정 이온의 농도에 대해 선형적인 전위를 발생시키는 전극이며, 그 일례로서 pH 측정을 위한 유리 전극 등이 있다. 이온의 농도를 전위차법으로 측정할 때에 사용되는 이온 전극은 특정한 이온에 대해서만 감응하는 막 전극을 가지며, 고체-액체상 혹은 액체-액체상의 경계면에서 발생하는 전위의 차이를 측정하고, 이러한 전위차를 이용하여 시료용액 중에 이온의 농도를 얻게 된다.

시료용액 중에 들어있는 특정 이온의 농도를 구하기 위해서는 은(Ag) 혹은 염화은(AgCl)과 같은 기준 전극을 이온 선택성 전극과 함께 시료용액 속에 담그고, 이들 두 전극 사이에 전위차나 기전력을 측정한다. 그림 8-7은 이온 선택성 전극과 기준 전극 사이의 유기되는 기전력을 측정하는 구조를 나타내고 있다. 이온 선택성 전극 중에 내부의 기준 전극을 채우는 용액과 기준 전극 전해질은 동일한 은 혹은 염화은을 전극으로 사용한다면 전해질 용액 역시 동일하게 사용한다. 내부의 기준 전극의 전극전위가 일정하도록 전해질의 농도가 비교적 높은 것을 사용한다.

이온 선택성 전극의 전위를 E_I, 기준 전극의 전위를 E_r, 기준 전극과 시료용액의 접촉부분에서 전위, 즉 액간접촉 전위차를 E_j라고 하면 이때의 기전력 E는 다음과 같이 표현된다.

$$E = E_I - E_r + E_j \tag{8-7}$$

여기서, E_j 는 염다리(즉, KCl 염다리)를 사용하여 수 mV 이하까지 최소화시켜 무시할 수도 있다. 그림에서 격막으로 사용한 다공성 세라믹은 내부에

채워진 용액이 세라믹의 빈 구멍으로 스며들어가 염다리의 구실을 하게 된다.

이온센서는 이온 선택성을 나타내는 막의 재료에 따라 분류하며, 유리 막 전극, 고체상태 박막 전극, 기체감응 액체막 전극 및 효소 전극 등으로 구분한다. 유리막 전극을 이용한 이온센서는 주로 막의 재료로 Na_2O, Li_2O, Al_2O_3 및 SiO_2 등으로 만들어지거나 다성분의 유리 등의 막을 이용한다. 고체상태 박막 재료는 결정성의 물질로서 단결정이나 소결에 의한 물질 혹은 가압성형으로 제조된 다결정 등을 사용한다. 액체막 전극 중에 액체 이온교환체성 전극을 이용한 막은 물과 섞이지 않는 극성 액체 유기상이고, 이 속에는 소수성 산, 염기, 염 및 이온 화합체와 같은 이동성 화합물 또는 이온 발생화합물이 들어 있다. 효소 전극은 유리 전극을 내장하여 전극으로 사용하고, 전극의 표면에 효소를 고정화시킨 전극이다.

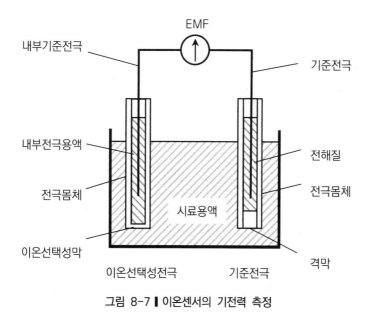

그림 8-7 ▌ 이온센서의 기전력 측정

CHAPTER

바이오센서

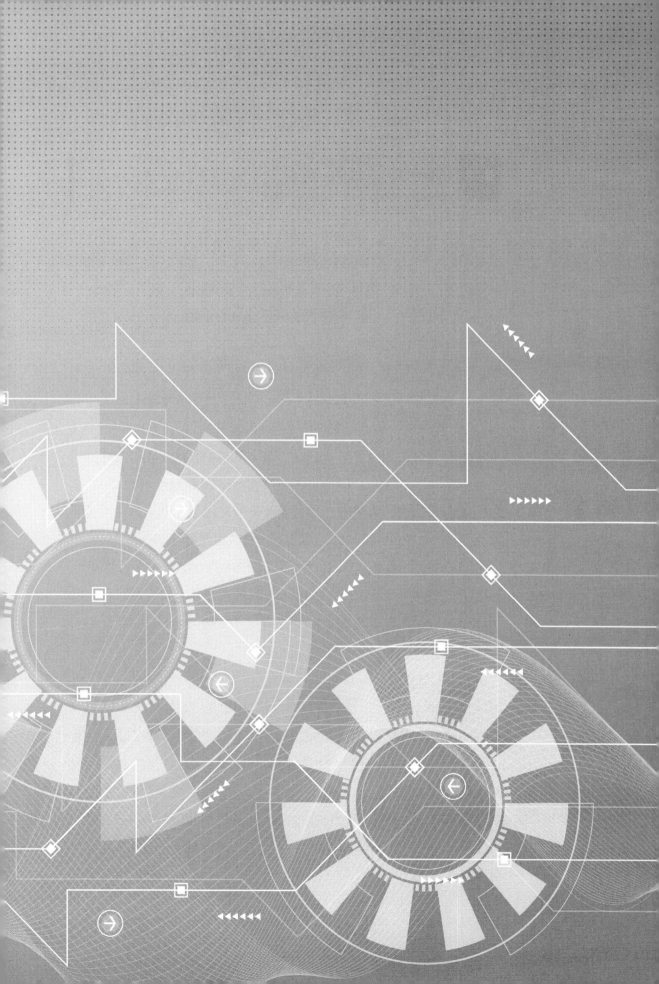

9-1 바이오센서의 개요

생화학센서의 낮은 감도와 선택도를 획기적으로 개선할 수 있는 방법으로 제안된 것이 바이오센서이다. 1962년 L. C. Clark은 효소전극(enzyme electrode)를 처음으로 제안하여 glucoseoxidase(GOD)를 산소센서와 결합시킨 혈당센서가 바로 바이오센서의 시초라고 할 수 있다. 바이오센서는 생체물질만이 가진 분자 간의 선택적인 반응성을 이용하여 다양한 생리활성물질의 농도를 빠르게 정량화할 수 있는 센서로서 생체물질과 기존의 물리, 화학 및 광학적 신호변환기를 조합한 소형의 바이오전자(bioelectronics)소자이며, 각종 생화학 반응으로부터 전기적 신호를 유발하기 위해 바이오칩 기술이 가장 빨리 적용된 분야라고 할 수 있다. 바이오전자는 전극, FET 혹은 압전체 등의 전자 신호변환기와 생체 물질을 통합한 분야이며, 효소, 항원, 항체, DNA와 같은 생체 물질과 신호변환기 인터페이스의 전기적 특성을 제어하고, 전자적 변환이나 생체촉매 변환을 가능하게 한다. 이와 같이 바이오전자는 높은 분자량과 매우 복잡한 분자구조를 가진 생체분자와 전자 혹은 광학 신호변환장치를 결합하여 정보를 분석하고 제어하거나 신호의 변환, 증폭 및 처리하게 된다.

대부분의 생체물질(biological materials)은 매우 우수한 분자식별기능을 가진다. 바이오센서는 이와 같이 분자인식기능을 가진 바이오 수용기(bio-receptor)와 식별결과를 전기신호로 변환하는 변환기로 구성되며, 이들 두 개의 조합에 의해 다양한 형태의 측정기기를 만들 수 있다. 분자식별기능을 가진 물질로는 효소(enzymes), 항체(antibody), DNA, 동식물세포, 오르거넬(organelle), 화학 수용기(chemo-receptor) 및 핵산(nucleic acids) 등으로 다양하다. 그러나 이러한 생체물질들은 수용성이기 때문에 불용성의 합성이나 혹은 천연 고분자막 등으로 고정화하여 소자로 구성하며, 이러한 막을 분자식별 기능성막 혹은 생체 기능성막이라 한다. 이와 같은 생체 기능성막에 의한 화학물질의 인식은 생체분자 자체에 의해서 이루어지는 경우와 세포 혹은 조직 중에 존재하는 효소 등의 작용으로 발생하는 경우로 나누어지며, 생체 기능성막의 종류에 따라 여러 가지 바이오센서의 구성이 가능하다.

바이오센서를 이용한 분석방법에 있어 가장 우수한 장점은 시료에 약품을 처리하여 나타나는 복잡한 반응과정을 거치지 않고 빠르게 분석할 수 있다는 점이다. 즉, 분석 물질과 반응하는 생체 물질이 수용기 내에 고정되어야 하는데, 고분자막(polymer membrane)이나 졸-겔막(sol-gel membrane) 내에 분자량이 큰 생체 물질을 가두거나 생체 물질과 화학결합하여 고체 기판 상에 고정하는 방법이 사용된다. 바이오센서에 있어 신호변환기는 감지부에서 일어나는 검출요소인 물리화학적인 변화를 전기적인 신호로 바꾸며, 특별히 설계된 전자회로에 의해 증폭하여 작동기와 같은 외부 장비를 제어하게 된다. 이와 같은 신호변환기는 전류측정식, 전위측정식, 전도율 측정식 등과 같은 전기화학법을 비롯하여 광학법, 압전법 및 칼로리 측정법 등으로 구분한다.

초기의 신호변환기는 산소 전극이나 과산화수소 전극이 사용되었으며, 최근에는 반도체 미세가공기술에 의해 제조된 마이크로 산소나 과산화 전극, ISFET, 서미스터 및 광소자 등으로 대체되고 있다. 또한 다수의 바이오센서를 집적하여 다성분 물질을 분자단위로 한 번에 인식하여 얻어지는 물질정보를 처리하고 진단하는 지능형 바이오센서도 개발되고 있으며, 특히 바이오센서는 경량, 고신뢰성 및 저소비 전력 등 실용화를 위해 많은 연구가 진행되고 있다.

9-2 바이오센서의 특성

바이오센서는 생물학적으로 활성이 좋은 물질의 높은 감도와 선택도를 활용하는 특수한 종류의 화학센서이다. 이러한 생물학적 물질의 우수한 감도와 선택도는 수백만 년을 걸친 지구상에 생명체의 진화에 따른 결과일 것이다. 생물학적 유기체 사이에 대부분의 의사소통은 후각과 미각, 면역반응, 페로몬(pheromones) 혹은 단세포 유기체의 포획과 같은 화학적 신호에 기반을 둔다. 시각, 청각 및 촉각과 같은 감각조차도 신경계를 통해 화학적으로 신호를 교환한다. 이와 같은 신호교환 과정은 생물을 인식하는 과정으로 간주할 수 있다. 따라서 이러한 생물 인식 과정은 센서에 대한 입력과 같이 사용할 수 있고, 생명의 다양성은 여러 종류의 바이오센서로 반영할 수 있다. 산소와 같은 작은 무기 분자에서부터 크고 복잡한 단백질과 탄수화물까지 모든 것과 반응하는 생물학적 화학물질, 세포, 조직 및 유기체가 있기 때문이다.

바이오센서의 동작에서 좋은 일례는 바이오센서가 물리적 혹은 화학적 트랜스듀서와 생물학적 감지 요소를 통합한 장치라는 것이다. 생물학적 감지 요소는 반응, 특정 흡착 혹은 물리적이나 화학적 과정을 통해 특별한 생물학적 분자를 선택적으로 인식하고, 트랜스듀서는 이러한 인식의 결과를 사용 가능한 전기적 혹은 광학적 신호로 변환한다. 그림 9-1은 이러한 과정을 보여준다.

생물 인식 과정은 크게 두 가지로 분류하는데, 생물 친화적 인식(bio-affinity recognition)과 생물 대사적 인식(bio-metabolic recodnition)이며, 이는 일반적인 검출방법으로 구분한다. 이러한 두 가지 생물 인식 과정은 모두 하나의 화학종이 보완적인 구조를 가진 다른 화학종과 결합한 것이며, 이를 형태 특이적 결합(shape-specific binding)이라고 한다. 생물 친화적 인식에서 결합은 매우 강한 편이고, 트랜스듀서는 결합된 수용체-분석물 쌍의 존재 여부를 감지한다. 가장 일반적인 생물 친화적 인식 과정은 수용체-리간드(ligand) 결합과 항체-항원 결합이다. 생물 대사적 인식에서 결합 이후에 분석물과 다른 공반응물은 화학적으로 변형되어 생성물 분자를 형성한다. 트랜스듀서는 생성물 혹은 공반응물의 농도 변화나 반응 중에 방출되는 열을 감지한다. 생물 대사 과정에는 효소-기질 반응과 세포소기관, 조직 및 세포에 의한 특정 분자의 대사를 포함한다.

지금까지 설명하였듯이, 생물학적 인식 요소는 일반적으로 트랜스듀서의 표면에 어떤 유형의 멤브레인으로 고정된다. 따라서 생물 인식 요소는 실제로 전형적인 트랜스듀서 위에 놓인 생물 반응기이며, 바이오센서는 분석물, 반응 생성물, 공반응물 혹은 간섭종의 확산과 인식 과정의 동력학에 의해 결정된다. 바이오센서는 1962년 Clark과 Lyons가 처음으로 정의하였으며, 효소인 포도당 산화효소가 전기화학적 산소 전극에 고정된 효소 전극을 개발하였다.

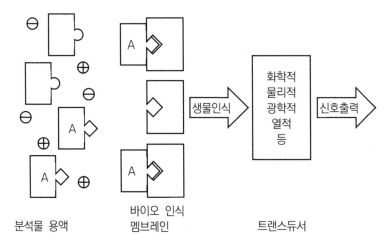

그림 9-1 ▮ 일반적인 바이오센서 개략도

9-3 바이오센서의 생체 재료

화학센서와 바이오센서의 주요 차이점은 바이오센서가 훨씬 더 큰 감도와 선택도를 가진다는 것이다. 수백만 년에 걸친 자연적인 선택을 통해 매우 특별한 분자나 분자 그룹에 매우 민감한 반응을 보이는 방식으로 진화하였다. 형태 특이적 인식이라는 개념은 일반적으로 생물학적 분자, 효소-기질 및 항원-항체 시스템의 높은 감도와 선택도를 설명하기 위해 사용된다. 여기서 분석물 분자는 효소나 항체에 대한 보완 구조를 가지며, 결합된 쌍은 두 개의 개별적인 분자보다 낮은 에너지 상태이다. 항체와 같은 친화적 인식 과정의 경우, 이러한 결합은 깨지기 어려우며, 효소의 경우에 결합은 촉매 반응의 기초이고, 분석물이 생성물로 전환되면 효소에서 분리된다.

생물인식 요소에 의해 인식될 수 있는 생물 재료는 생물학적 시스템에서 발생하는 다양한 반응만큼이나 다양하다. 반응의 주요 종류는 표 9-1에서 나타내며, 표에서 나타나듯이 거의 모든 생물학적 반응, 화학적 및 친화적 형태가 바이오센서로 활용될 수 있다.

표 9-1 ▎인식 가능한 생물학적 화학물질의 종류

분석물	일례
대사 화학물질	산소, 메탄, 에탄올, 기타 영양소
효소 기질	포도당, 페니실린
리간드	신경전달물질, 호르몬, 페로몬, 독소
항원과 항체	인간 I_g, 항인간 I_g
핵산	DNA, RNA

표 9-2 ▮ 바이오센서의 구성 요소

생물학적 요소	트랜스듀서 유형	트랜스듀서 일례
유기체	전기화학적 측정	
조직	- 전위 측정	이온 선택형 전계효과 트랜지스터
세포		및 마이크로 전극
세포소기관	- 전류 측정	마이크로 전극
멤브레인	- 임피던스 측정	마이크로 전극
효소	광학적 측정	광섬유 광전극 및 발광
수용체	열량 측정	서미스터 및 열전대
항체	음향적 측정	표면 음향파 지연선 및
핵산		벌크 음향파 마이크로 저울

가능한 생물학적 감지 요소는 전체 유기체에서부터 특정 분자에 이르기까지 크기가 다양한 생명 자체만큼이나 다양하다. 표 9-2에서는 생물학적 감지 요소의 목록과 가능한 변환 원리의 목록을 나타낸다. 표에서 나타나듯이, 바이오센서를 설계하려면, 1열에서 생물학적 감지 요소를 선택한 다음 2열에서 적절한 트랜스듀서의 원리를 선택하고, 그리고 다음 3열에서 실제 사용할 수 있는 트랜스듀서 목록을 선택하게 된다.

표에서 분자보다 큰 생물학적 요소는 생물학적 활성 물질을 포함하고, 자연환경에서 활성 물질을 고정하는 쉬운 방법을 제공한다. 이러한 세포나 다세포 구조는 보조 효소 시스템 혹은 결합 반응에 적합하며, 여기서 분석물을 트랜스듀서에서 검출할 수 있는 분자로 전환하기 위해 여러 생물학적 활성 물질이 필요하다. 자연은 이와 같은 결합 반응 시스템을 매우 잘 설계하였고, 전체 세포, 세포소기관 혹은 조직을 고정하는 것이 가장 쉬운 방법이며, 어떤 경우에는 이러한 시스템을 사용하는 유일한 방법이다. 그러나 살아있는 세포나 다세포 구조를 계속 살아있도록 유지하는 것은 어려우며, 주로 실험실에서 통제된 환경에서 기기를 작동하여 세포와 조직을 조정하게 된다.

9-4 바이오센서의 구조

생체모방 구조는 세포막에서 일어나는 과정을 모방하여 만들어진 인공 구조이다. 세포막은 알려진 바이오센서나 액추에이터에서 가장 정교한 시스템 중의 하나이다. 세포막의 일부 수용체는 다른 분자종을 인식하고, 다른 특정 화학종(수용체 제어 이온 채널)에 대한 막 투과도의 변화를 일으킨다. 이러한 이온 채널은 수용체에 의해 직접 제어되거나 이온 채널을 열기 위해 전령 단백질(messenger protein)을 이용하여 간접적으로 제어될 수 있다. 단백질과 다른 분자를 결합시켜 이들을 세포로 가져와 사용할 수 있도록 하는 수용체도 있다. 이와 같은 자연적인 변환 기구의 대부분은 최대 1,000의 이득을 제공하는 신호의 화학적 증폭(chemical amplification)도 포함한다. 이러한 자연적 감지 시스템을 사용하거나 인위적인 변환기와 결합하는 것은 세포막의 매우 취약한 성질이기 때문에 어렵지만, 잠재적 보상은 큰 편이다.

세포막은 인지질 분자(phospholipid molecules)의 유동 이중층에 떠 있는 단백질로 구성된다. 그림 9-2에서 나타나듯이, 인지질은 분자의 소수성 꼬리(hydrophobic tail)가 막 내부에 있고, 친수성 머리(hydrophilic head)는 이중층 외부에 있도록 구성된다. 따라서 막은 수용성 이온에 대한 막 투과 전도도는 매우 낮은 편이다. 일반적으로 막은 단일 유형의 인지질 분자로 구성되지 않고, 세포 유형에 따라 다양한 인지질의 혼합물이다. 인지질의 분포도 세포막 내부와 외부에서 다르다. 막 단백질은 막을 걸쳐 이어지거나 그렇지 않을 수도 있고, 이러한 단백질은 수용체와 이온 채널을 형성한다. 일반적으로 막을 가로지르는 전위는 40~90 mV이며, 세포 내부는 외부에 비해 음전위이다.

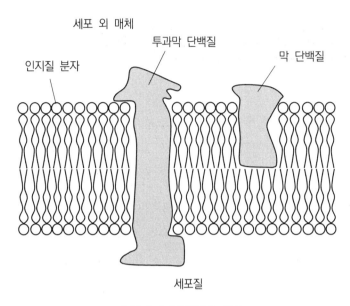

세포 외 매체

투과막 단백질

막 단백질

인지질 분자

세포질

그림 9-2 ▎세포막의 구조

　인공 이중층 지질막(BLM; bilayer lipid membranes)은 매우 취약하며, 일반적으로 인공 친수성 지지체에 고정된다. 용액에서 주조되거나 Langmuir-Blodgett(LB) 기술에 의해 증착된다. 생체모방 구조(biomimetic structure)를 이용한 바이오센서의 주요 응용 분야는 잠재력을 가진 이온 채널 센서이지만, 이중층 지질막(BLM)에 의한 취약성 때문에 안정적인 센서 구조를 만들기가 어려워 지질 꼬리에 중합이 가능하도록 안정적인 인공 지질 막을 형성하는 연구가 주로 진행되고 있다.

　이와 같이 생체모방 개념은 바이오센서의 응용에 많은 잠재적인 장점을 제공하지만, BLM의 취약성으로 인하여 아직 실험실에서 검사용 정도로만 사용이 제한되고 있는 실정이다. BLM의 물리적 화학과 수용체 단백질과 세포 기능의 생화학에 대한 연구가 더욱 진전을 이루게 되면 바이오센서에 미치는 영향은 더욱 커질 것으로 예상한다.

9-5 바이오센서의 생물학적 요소

물리적 트랜스듀서에서 생물학적 요소를 고정하는 것은 고감도와 장수명의 바이오센서를 형성하는 핵심 중의 하나이다. 여기에서 고정이라는 의미는 다음과 같다. 먼저 생물학적으로 활성인 물질을 트랜스듀서에 고정하여 바이오센서의 수명 동안에 누출되지 않도록 하는 것이며, 둘째로는 분석물 용액과 접촉할 수 있도록 허용하는 것이다. 다음으로 모든 생성물이 고정화된 층에서 확산되도록 허용하고, 마지막으로 가장 중요한 것은 생물학적으로 활성인 물질을 변성시키지 말아야 한다. 효소, 항원, 세포 소기관, 세포 및 조직은 모두 기계적 손상, 열이나 동결, 화학적 독소, 특정 화학물질의 결핍, 생물학적 물질의 화학적 변형, 그리고 심지어 분자의 형태 변화로 인해 쉽게 비활성화될 수 있는 약한 생물학적 물질이기 때문에 앞에서 기술한 의미 중에 마지막의 요건은 매우 중요하다.

바이오센서에서 사용하는 생물학적 활성인 대부분의 물질은 단백질이거나 화학구조에 단백질을 포함한다. 단백질 구조에 기본 단위는 그림 9-3에서 나타나듯이 α-아미노산(α-amino acid)이다. 자연적으로 발생하는 20개의 단백질 단위는 작용기(functional group), R에 의해 구별된다. 작용기는 수소, 메틸, 아이소프로필, 이소부틸기, 산기 및 알코올기 및 방향족 고리 등이 포함된다.

$$H_2N - CH - COOH$$
$$|$$
$$R$$

그림 9-3 ▌ 단백질 단위에 대한 단백질 성분의 일반 구조

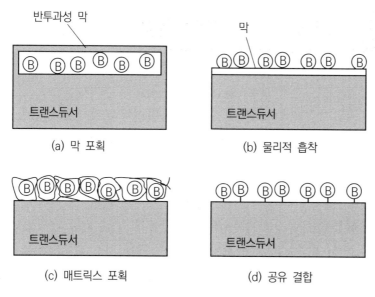

그림 9-4 ▮ 다양한 4종류의 고정화 도식

폴리펩타이드 사슬(polypeptide chains)은 한 염기의 산기를 다른 아민기와 연결하고, 물 분자를 분리하여 형성한다(-COOH+H₂N- → -CO-NH-+H₂O). 단백질 사슬에 존재하는 여러 다양한 작용기는 여러 종류의 결합 반응이 가능하다.

고정화를 위한 기본 역학에 따라 달라지는 두 가지 기본 유형의 고정화 기술이 있는데, 결합과 물리적 유지력이다. 결합 기술은 생물학적으로 활성인 물질을 트랜스듀서 표면 혹은 트랜스듀서의 기저막 표면에 바로 부착하는 것이다. 그리고 흡착과 공유 결합은 두 가지 형태의 결합 기술이다. 유지력 기술은 생물학적으로 활성인 물질을 트랜스듀서 표면에 있는 층에 두어 분석물 용액에서 분리하는 것이다. 이러한 층은 분석물과 인식 반응의 모든 생성물에는 투과하지만, 생물학적 활성 물질에는 투과하지 않는다. 두 가지 형태의 유지력 기술은 막 한정(membrane confinement)과 매트릭스 포획이며, 이와 같은 기술의 분류는 그림 9-4에서 나타낸다.

9-6 바이오센서의 질량 전달

이미 그림 9-1에서 나타냈듯이, 대부분의 바이오센서에서 인식 반응은 트랜스듀서 표면의 막 혹은 분자층에서 발생한다. 실제로 바이오센서는 트랜스듀서에 결합된 생물 반응기(bioreactor)이다. 따라서 분석물을 막으로 운반하는 것, 반응 생성물을 트랜스듀서로 운반하거나 막 밖으로 생성물을 운반하는 것은 모두 바이오센서의 반응 특성에 영향을 미친다.

바이오센서 시스템에서 기본적인 질량 전달과정은 확산(diffusion), 대류(convection) 및 이송(migration)이다. 이러한 세 가지 중에서 전기적 전위의 영향을 받는 분석물 분자의 이송은 무시한다. 이는 일반적인 생물학적 샘플에서 인가된 전위로부터 분석물을 지키기 위해 필요한 전하를 전달하는 작고 잘 움직이는 반대 이온이 많기 때문이다. 따라서 분석물 분자의 이동은 인가된 전위에 의해 크게 영향을 받지 않는다. 분석물과 생성물의 전달은 센서 막을 통한 확산이나 분석물 용액에서의 대류에 의해 바이오센서의 트랜스듀서 부분으로 제한된다.

바이오센서의 막에서 생성물과 분석물의 흐름은 확산에 의해 좌우되므로 Fick의 확산법칙으로 기술한다. Fick의 제1 법칙은 주어진 시간 동안에 표면을 통해 확산되는 물질의 양이 해당 표면에의 농도 구배에 비례하며, 식으로 나타내면 다음과 같다.

$$f(x, t) = -D\frac{\partial C(x, t)}{\partial x} \tag{9-1}$$

여기서, f 는 표면을 관통하는 유량(flux, $m^{-2}s^{-1}$)이고, $C(x, t)$ 는 농도 (m^{-3})이며 거리와 시간의 함수이다. 그리고 비례상수, D 는 확산계수 (m^2/s)이다. 확산계수는 일정하며, 분자 농도와 전하 상태의 함수가 아닌 것으로 가정한다. 물질의 유량은 시간이 지나면 농도의 변화를 나타내며, Fick의 제2 확산법칙은 다음과 같다.

$$\frac{\partial C(x,t)}{\partial t} = D\frac{\partial^2 C(x,t)}{\partial x^2} \tag{9-2}$$

상기 식은 편미분 방정식이며, 초기 및 경계조건에 대해 풀어야 한다. 그러므로 각 특정 센서의 형태와 실험조건에 따라 다른 답을 얻을 것이다. 확산이 센서 반응에 미치는 영향을 살펴보기 위해 가장 간단한 경우를 고려하면, 순간적이며 완전한 인식 반응으로 센서 표면에 도달하는 모든 분석물이 소모되고, 정체된 용액 내에 센서 표면에서만 발생한다고 가정한다. 따라서 센서 출력은 표면에 도달하는 분석물의 유량에 비례한다. 이러한 경계조건 $C(0,t) = 0$와 $C(\infty, t) = C_{bulk}$에서 식 (9-2)의 해는 표면으로부터 시간과 거리의 함수로서 오차 함수(error function)로 나타난다.

$$C(x,t) = C_{bulk}\,erf\left(\frac{x}{2\sqrt{Dt}}\right) \tag{9-3}$$

상기 식에 의한 그림 9-5는 시간의 증가에 따른 농도 프로파일을 나타내며, 센서 출력은 센서 표면에 도달하는 분석물의 유량에 비례하기 때문에 센서의 응답은 시간에 따라 감소하게 된다.

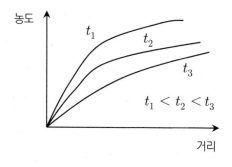

그림 9-5 ▌ 정체 용액 내에서의 농도 프로파일

9-7 바이오센서의 변환 원리

이미 표 9-2에서 보여주었듯이, 바이오센서의 검출방법에 대한 유형은 거의 모든 기존의 센서를 포함한다. 검출 기술의 다양성은 여러 생물학적 과정을 반영하고 있으며, 고감도의 안정한 바이오센서를 얻기 위해 생물학적 인식 과정이 적절한 센서 감지 기구와 일치하여야 한다. 예를 들어, 생물학적 인식 과정이 효소-기질 시스템과 같은 화학적 반응인 경우라면, 검출방법은 생성물이나 반응물의 농도를 측정하거나 발생한 열 반응을 측정하여야 하며, 이는 선택성과 민감도가 훨씬 떨어지기 때문에 센서 표면에 흡착된 질량의 양을 측정해서는 안 될 것이다.

바이오센서의 모든 생물학적 인식 과정에서 이상적인 한 종류의 감지 기술은 없다. 예로써, 전위차 센서인 ISFET(ion-sensitive field effect transistor)는 효소-기질 반응에 대해서는 좋은 트랜스듀서인 반면에, 항체-항원 흡착 인식에는 적합하지 않다. ENFET(enzyme field effect transistor)에서 ISFET는 효소 촉매 반응에서 생성물이나 혹은 반응물 중의 하나에 의한 농도 변화로 이온에 민감한 막의 전위차 반응을 감지하게 된다. 일반적으로 이온에 민감한 막은 큰 반응을 일으키기 때문에 ENFET는 우수한 바이오센서로 적용할 수 있다. 또한 IMFET(immunochemical fielf effect transistor)에서 FET의 게이트에 고정된 항체에 대한 항원의 흡착은 계면에서 이중층 전하의 변화에 의해 감지된다. 그러나 이러한 계면을 통해 유한한 누설 경로가 있고, 항체-항원 전하층의 측정을 방해하는 샘플 용액 내에 작은 무기 반대 이온(inorganic counter-ion)이 있다. 따라서 IMFET는 정상상태에 측정 장치로는 적합하지 않지만, IMFET를 사용하면 항체-항원 결합에 따른 전하의 순간적인 변화를 측정할 수 있다.

전기화학적 검출 기술은 생물학적 인식을 위해 화학 반응에 의존하는 바이오센서 시스템에 적합하다. 전기화학적 기술은 생물학적 인식의 결과를 전기적 매개변수에 의해 측정하기 때문에 추가적인 신호 처리 및 생물학적 시스템 제어에 의해 전자 계산 시스템에 직접 연결할 수 있다. 기본적인 전기화학적 방식은 전위차계 검출, 전류차계 검출 및 임피던스차계 검출 등 3가지로 분류하며, 이들은 3가지 전기 출력 변수와 일치한다.

전위차계 검출방식은 생물학적 감지 요소를 포함하는 전기화학적 셀에서 전위를 측정한다. 일반적으로 인식 반응에서 생성물이나 반응물의 거동이 관찰되며, 작업 전극(working electrode)과 바이오센서의 생물학적 감지 요소를 포함하는 반쪽 셀(half cell)에서의 전위는 기준 전극에 대해 측정된다. 기준 전극은 센서의 동작 범위 내에 있는 용액에 대해 표준 고정 전위를 유지한다. 이상적인 전위차계 측정에서 전기화학적 셀을 통과하는 전류는 0이며, 전극은 용액 내에서 열평형상태를 유지한다. 그러므로 전극 간의 전위차는 시스템의 상태 방정식에서 열역학적 변수이다. 실제로 셀을 통과하는 측정 전류는 실험의 시간 척도 내에서 열역학적 평형상태로 간주하여 충분히 작을 것으로 고려한다.

전류차계 바이오센서는 생물학적으로 활성인 물질에 증착된 전기화학적 전극을 통해 농도에 의존하여 흐르는 전류를 측정한다. 전류차계 변환은 전극 표면에 전기 활성종의 산화와 환원을 기반으로 한다. 전류차계 바이오센서가 작동하는 방식은 효소와 같은 생물학적 활성 물질이 분석물을 산화하거나 환원하는 것이다. 임피던스차계 검출은 전기화학적 전극과 생물학적 감지 요소의 소신호 임피던스의 주파수 응답을 측정하는 방식이며, SNR이 매우 높아 아주 작은 신호가 측정된다.

9-8 바이오센서의 패키지 기능

어떠한 종류의 센서도 적절한 패키징을 하지 않으면 사용할 수가 없다. 사실 패키징은 제품을 완성한 후에 고려해야 하는 것이 아니라, 센서 설계 과정의 필수적인 공정이며, 이는 바이오센서를 포함한 모든 센서에 해당한다. 바이오센서의 패키징 기능을 살펴보면 다음과 같다.

- 동작하는 환경에서 센서를 보호하여 지정된 수명 내에서 감지 기능을 충분히 유지하여야 한다.
- 센서 소재와 동작하는 환경을 보호하여 생체 적합성을 유지하고, 환경에 유해한 반응 생성물이 유입되어 바람직하지 않은 결과가 초래하지 않도록 하여야 한다. 바이오센서의 경우, 환경에 노출된 재료는 화학적 및 생물학적 환경에서 불활성이고, 감지하는 동안에 독성이나 바람직하지 않은 생성물을 방출하지 말아야 한다.

그리고 주변 환경에서 센서의 성능 저하나 고장으로부터 보호하기 위해 다음 사항을 고려한다.

- 누설 전류를 생성하는 전도성 경로인 이온이나 수분으로부터 단자와 전자부품을 전기적으로 격리하거나 보호하여야 한다.
- 구조적 무결성과 치수 안정성을 보장하기 위해 기계적인 보호가 필요하다.
- 신호와 센서 동작에 영향을 주는 주변 광이나 열로부터 바람직하지 않은 효과를 차단하기 위해 광학적 및 열적으로 보호하여야 한다.
- 혹독한 화학적 환경으로부터 센서를 화학적으로 격리하여야 한다.

또한 센서로부터 환경을 보호하기 위해 다음을 고려한다.

- 신체 반응을 없애거나 줄이기 위해 센서 재료를 선정하여야 한다.
- 독성 생성물을 방지하기 위해 센서 동작과 패키지 선택을 고려하여야 한다.
- 센서의 살균을 고려하여야 한다.

센서의 패키징은 특정한 분야이며, 센서 재료, 패키징 기술, 센서의 특성 및 평가 등에 대한 통합된 정보를 요구한다. 센서의 패키징은 물리학, 화학, 생물학, 재료 과학, 전기 및 기계 공학에 대한 이해가 필요하다.

모든 바이오센서에 적용할 고유하고 일반적인 패키징 방법은 없으며, 각 센서는 특수한 환경에서 동작하고, 고유한 동작 사양을 가진다. 따라서 패키징은 이러한 조건을 충족할 수 있도록 설계되어야 한다. 센서 패키지를 선택하기 위해 유용한 기본 요구사항과 일반적인 고려 사항을 살펴보면 다음과 같다.

전기적인 보호를 위해 정전 차폐, 수분 침투, 계면 접착력, 계면 응력 및 기판 재료의 부식 등을 고려한다. 특히 전위차계 바이오센서와 같이 임피던스가 높은 부품을 가진 센서의 차폐는 외부 간섭과 내부 크로스토크(crosstalk)를 줄이기 위해 센서의 설계 과정에서부터 고려하여야 한다. 수분 침투는 바이오센서의 주요 고장의 원인이 된다. 수분이 센서 내부로 침투하면 구성 요소와 기판에 응축되어 누설 전류가 흐르게 되고, 이로 인해 잡음이나 간섭 신호가 발생하며, 결국 치명적인 고장을 일으킨다. 따라서 가장 바람직한 패키징 방식은 수분이나 이온이 유입되지 않도록 효과적인 장벽을 구성하기 위해 불침투성 유리, 세라믹 및 금속으로 밀폐하는 것이다. 그리고 계면에서의 우수한 접착력을 위해 캡슐화하고, 부품의 표면을 적절히 세척하여 유기 오염물질을 제거하고, 산화물 형성을 조절하여야 한다. 계면 응력은 패키징 재료와 기판 사이에 치수 불일치와 외력을 유발하므로 줄여야 하고, 기판 재료의 부식은 누설 전류나 접착력 등에 문제를 일으키기 때문에 반드시 제거하여야 한다.

9-9 바이오센서의 패키지 재료

    유리를 비롯하여 세라믹과 금속과 같은 재료는 대략 10 ㎛ 이상의 두께에서 증기를 통과시키지 않는다. 이외에 재료들은 밀폐용으로 적합하지 않다. 그러나 가끔 바이오센서는 밀폐용 패키지를 필요로 하지 않으며, 고분자 패키지는 다루기가 쉽고, 비용이 저렴하여 자주 사용한다. 그림 9-6은 특정 기하학 형태에서 수분 차폐용 밀봉 재료의 효율성을 나타낸다. 에폭시, 실리콘 및 불화 탄소의 경우, 수분은 분당 1 mm 두께의 패키지에 침투한다. 바이오센서에서 사용하는 패키지 재료를 정리하면 다음과 같다.

    실리콘 고무는 단기간에 사용을 위한 밀봉 소재로 적합하다. 의료용

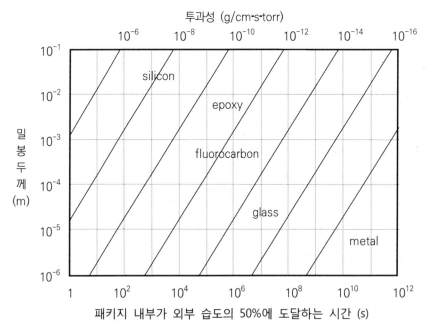

그림 9-6 ▌ 밀봉 재료의 효율성

실리콘 고무는 생체 적합성, 유연성, 용이성 및 고온가압용이며, 대부분의 기판에 우수한 접착 특성을 가진다. 단점으로는 수용액에서 부풀어 오르는 경향이 있으며, 수리가 어렵다는 것이다.

폴리우레탄(polyurethane)은 우수한 내습성과 내화학성, 높은 유전 강도, 좋은 신축성, 그리고 실온에서 우수한 인장 특성을 가진다. 할로겐화 용매와 일부 극성 용매에 의한 공격으로 팽창하거나 용해되기도 한다.

에폭시(epoxy)와 같은 2가지 성분의 시스템은 우수한 기계적 강도와 경도를 나타내지만, 이온 장벽에 약하고, 수분을 쉽게 흡수한다. 사용된 충전제에 따라 경화 수축, 열적, 전기적 및 기계적 특성이 달라진다. 이산화탄소와 수분을 가진 소재와의 반응을 방지하기 위해 두 수지는 낮은 습도와 질소 분위기 하에서 정확하게 혼합하여야 한다.

불화탄소 중에 가장 잘 알려진 것은 폴리테트라플루오로에틸렌(테프론)과 불화에틸렌프로필렌이다. 이들은 낮은 유전율과 낮은 유전정접(dissipation factor)의 바람직한 전기적 특성을 가지고 있지만, 접착력과 마찰이 낮고, 강성이 낮은 편이다. 아크릴은 우수한 전기적 절연재료이며, 단단하고 견고하며 강하다. 경화 중에 수축이 적으며, 빈번히 경량 코팅제로 사용하지만, 용매 저항성은 낮은 편이다.

열가소성 고분자인 파릴렌(parylene)은 증기상태의 중합에 의해 얇고, 균일하며 핀홀(pinhole)이 없는 필름을 생산할 수 있다. 이들은 우수한 절연 특성을 가지며, 파릴렌 C는 수분과 가스에 대한 투과성이 낮은 반면에 접착력이 약하다. 폴리이미드(PI; polyimide)는 광범위한 온도 범위에서 안정적이며, 전기적 및 기계적 특성을 가진다. PI는 200~450℃의 고온에서 경화되며, 전자산업에서 절연체, 유전체 및 유연한 기판으로 사용된다. 유리는 다양한 전기적 및 열적 특성을 가지며, 국부적인 가열이나 저에너지 레이저를 사용하여 센서와 전자제품을 패키징하기 위해 사용한다.

9-10 바이오센서의 패키징 기술

리드 단자의 전기적인 보호를 위해 많은 패키지 기술이 지속적으로 개발되었고, 그림 9-7에서는 다양한 바이오센서의 패키징 기술을 보여준다. 그림 (a)는 ISFET의 구조를 나타낸다. 드레인과 소스에서 본딩 패드까지 긴 리드는 산화물과 질화물 아래의 확산 경로이다. 패드와 주변 영역은 실리콘 고무 혹은 에폭시로 보호층을 쌓는다. 때때로는 수분 투과성을 줄이기 위해 고분자 위를 SiN_x 박막으로 증착하기도 한다.

그림 (b)는 ISFET의 뒷면 접촉을 보여주는데, 여기서 앞면은 이산화규소와 질화물로 보호하고, 리드는 실리콘 기판을 통해 식각된 뒷면 접촉에서부터 전면으로 연결된다. ISFET 칩은 성형된 쉘(molded shell)에서 추가로 패키징된다. 그림 (c)는 신호를 처리하고 유리 캡슐 내부에서 외부 장치로 정보를 원격으로 측정할 수 있는 전자회로로 센서를 연결하는 파묻힌 형태의 도체를 나타낸다.

그림 (d)는 본딩된 실리콘 웨이퍼 아래에 있는 리드를 보호하고, 생체 인식 멤브레인을 형성할 수 있는 우물(well)을 제공하는 웨이퍼 실리콘 패키지를 보여준다. 이웃 우물은 서로 다른 멤브레인을 가질 수 있으므로 다중 요소 센서와 다른 측정을 수행할 수 있다. 그리고 그림 (e)는 센서 표면이 과도한 유체 흐름과 대량 단백질 중독에서 보호될 수 있는 표면 미세가공 챔버(chamber)를 보여준다. 더욱이 감지 생성물은 신체조직에 미치는 영향을 줄이기 위해 챔버 내에 가두게 된다. 그림 (f)는 바이오센서의 다층 보호를 나타낸다. 각 층은 특정한 기능을 수행하며, 전체 사양이나 요구사항을 충족한다.

기계적 보호를 위해서는 반드시 기계적 고려 사항이 실행되도록 재료와 구조를 선택하여야 한다. 견고성과 기계적 강도 이외에 패키지 형상, 최소

모서리 곡률반경 및 표면상태 등이 중요하며, 특히 장치가 신체나 피부에
접촉하게 되면 더욱 고려하여야 한다.

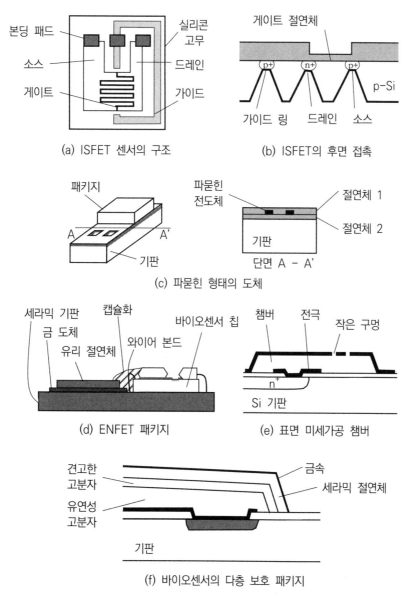

(a) ISFET 센서의 구조

(b) ISFET의 후면 접촉

(c) 파묻힌 형태의 도체

(d) ENFET 패키지

(e) 표면 미세가공 챔버

(f) 바이오센서의 다층 보호 패키지

그림 9-7 ▌ 바이오센서의 다양한 패키지 기술

CHAPTER

10

집적센서

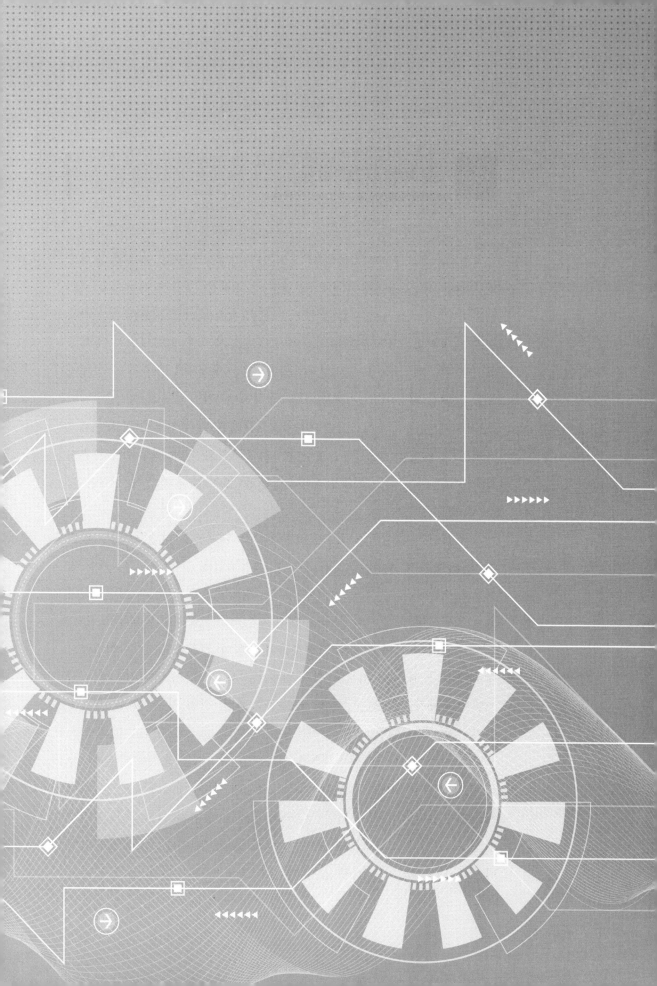

10-1 집적센서의 개요

마이크로전자 시스템은 마이크로전자 분야에서 얻어진 급속한 발전으로 인하여 많은 기본적인 변화를 겪었고, 이제는 다양한 제어계측 시스템의 구성 요소를 단일 모노리식이나 혹은 하이브리드 모듈로 구현하는 것이 가능하다. 1970년대 초에 마이크로프로세서가 도입되면서 소프트웨어로 시스템 동작을 정의할 수 있게 되어 제어계측 시스템의 설계와 사용 등에서 혁신이 일어났고, 이를 통해 신호 처리 및 사용자 인터페이스 기능이 상당히 증가하였다. 아날로그-디지털 변환기와 같은 아날로그 요소도 고속화 및 고정밀도 요구사항을 충족하기 위해 매우 개선되었지만, 이러한 전자 시스템과 인터페이스할 수 있는 센서 개발의 진전은 늦은 편이었다.

그림 10-1은 측정제어 시스템의 전체 아키텍처를 나타낸다. 외부 물리적 및 화학적 매개변수는 측정되고, 센서의 배열을 사용하여 전기적인 형식으로 변환된다. 감지된 데이터는 모듈 내에 회로를 통해 수집되어 처리와 디지털화되고, 디지털 버스를 통해 호스트 컨트롤러로 전송된다. 호스트 컨트롤러는 이러한 정보를 이용하여 적합한 결정을 내리고, 액추에이터 배열을 통해 제어 정보를 외부 환경으로 다시 공급한다. 이와 같은 시스템은 자동차, 헬스케어, 제조, 환경 모니터링, 산업 가공, 항공 전자 및 방위 산업 등과 같은 응용 분야에서 더욱 필요성이 증가하고 있다.

감지 시스템에서 센서는 시스템 정확도를 결정하는 요소이며, 가장 중요한 시스템 요소이다. 그러나 센서는 차세대 계측, 데이터 수집 및 제어 시스템의 개발에서 가장 약한 부분이라 할 수 있다. 센서는 간혹 신뢰할 수 없고 적합한 정확도를 제공하는 경우가 드물며, 때때로 컨트롤러보다 비싸고, 내결함성이나 오류 감지 기능이 거의 없거나 전혀 없다. 이러한 기능이 부족하면 시스템 유지 관리하기가 어렵고, 수리 비용이 많이 든다. 고체상태 센서의 개발은 특히 재현성, 크기, 비용 및 정확도 측면에서 일부 성능 특성을 개선하는데 도움이 된다. 고체상태의 마이크로센서와 마이크로 액추에이터의 모든 잠재력은 아직 실현되지 않고 있다.

지난 몇 년 동안 동일 기판상에 센서 구조와 인터페이스 및 신호 처리 일부를 최소한 하나로 결합하는 집적센서(integrated sensors)가 등장하기 시작하였다. 마이크로센서와 회로가 통합하여 등장하면서 집적화된 스마트 센서는 단일 센서를 훨씬 뛰어넘어 표준 인터페이스, 자체 검사, 내결함성 및 디지털 보상과 같은 기능을 제공하여 전반적인 시스템 정확도와 신뢰성을 향상하였다.

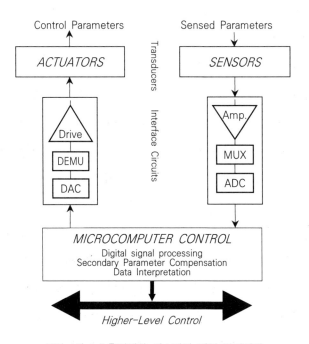

그림 10-1 ▎측정제어 시스템의 전체 아키텍처

10-2 고체상태 센서의 개발

센서는 적어도 4세대의 인터페이스를 거쳐 서서히 진화하였다. 1세대 장치는 본질적으로 전자장치가 없었고, 바이메탈 장치와 같이 사실상 신호 처리 없이 최종 효과를 발생하였다. 2세대 장치는 증폭을 하거나 약간의 온도 보정 정도의 수준이었다. 일반적으로 모든 전자장치는 센서와 분리되어 있었고, 데이터는 아날로그로 처리하였으며, 데이터의 흐름은 센서에서 디스플레이까지 단방향으로 진행하였다. 그림 10-2에서 나타나듯이, 3세대 장치에서는 개별 혹은 혼합 전자 장치를 사용하여 모듈 내에서 일부 증폭이나 신호 버퍼링 등이 발생한다. 센서는 아날로그-디지털 변환기(ADC)와 마이크로 컴퓨터로 구성된 원격 신호처리 시스템으로 동작한다. 센서로부터 통신 연결은 단방향에 고수준의 아날로그 방식이다. 현재 대부분의 자동차 센서는 3세대 장치라고 할 수 있다. 4세대 센서는 더 높은 수준으로 통합되어 일부 혹은 모든 센서 전자장치가 센서 칩 자체에 일체화되어 있다. 4세대 장치는 프로세서에서 주소 지정이 가능하며, 제어 입력과 처리된 아날로그 출력을 모두 갖추고 있다. 통신 연결은 디지털 주소와 아날로그 고수준 전압 혹은 시간 아날로그 펄스률 변조 출력을 사용하여 데이터를 양방향으로 처리한다. 보상은 센서에서 수행되거나 간섭 매개변수에서 별도로 출력을 분리하여 원격으로 수행한다. 새로이 부상하고 있는 감지 시스템은 고성능 센서 기능을 필요로 하며, 시스템 수준에서만 달성할 수 있다. 이와 같은 응용 프로그램의 경우, 5세대와 6세대 센서의 시스템 구성 요소가 개발되고 있다. 그림 10-2에서 볼 수 있듯이, 5세대 센서에서 데이터를 디지털로 변환하는 것은 센서 자체에서 수행되며, 호스트 컨트롤러와의 연결은 디지털 양방향 센서 버스를 통해 이루어진다. 그리고 센서는 자체 시험과 주소 지정이 가능하다. 데이터 보상은 5세대에

서는 여전히 원격으로 수행하며, 6세대에서는 국소적으로 수행된다. 교정
은 센서 공장시험 중에 프로그래밍되는 PROM을 통해 이루어진다. 전체
아날로그 신호 경로는 한 단위로 시험되어 전체 시험 비용이 절감된다.

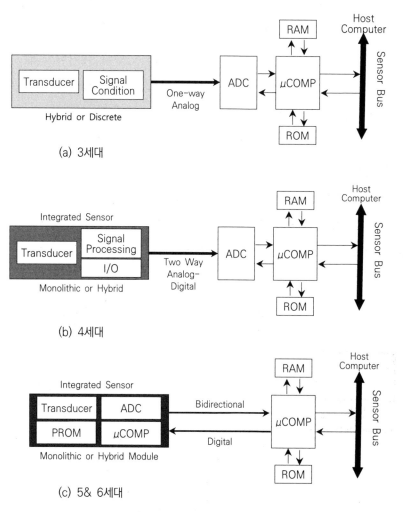

(a) 3세대

(b) 4세대

(c) 5& 6세대

그림 10-2 ▌ 센서 인터페이스의 진전

10-3 센서 시스템의 구성

　그림 10-3은 스마트 감지 시스템의 전체 개략도이며, 4개의 주요 부분으로 구성된 고성능 분산 감지 시스템의 구조를 나타낸다. 전체 시스템 제어를 수행하는 호스트 컴퓨터, 노드 주소, 호스트 명령과 데이터를 감지 노드와 주고받는 버스 구조, 센서와 호스트 컨트롤러를 인터페이스하고 명령을 해석하거나 실행하며, 요청된 정보를 호스트 컨트롤러에 제공하는 마이크로프로세서 기반의 감지 노드, 마지막으로 센서와 필요한 회로를 포함한 센서의 처음과 마지막 단계(front-end)를 제공한다.

　호스트 컴퓨터는 시스템의 주요 컨트롤러이며, 일반적으로 메시지를 시작할 수 있는 유일한 노드이다. 노드는 버스에서 주소를 감지할 때마다 들어오는 명령을 실행하고, 응답하게 된다. 노드가 명령을 실행하면 다시

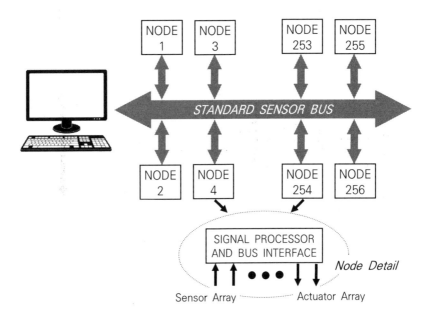

그림 10-3 ▌ 스마트 감지 시스템의 개략도

감지할 때까지 버스를 계속해서 관찰하게 된다. 그러나 그동안에 노드는 계속해서 자율적으로 샘플링하고, 센서 데이터를 RAM에 저장하여 호스트가 데이터를 요청하면 용이하게 사용할 수 있도록 수행한다. 이러한 구성은 센서 질의가 바로 메모리에 접근하는 것과 같이 만들어 호스트에 매우 빠른 응답 시간을 제공한다.

분산 감지 노드는 자체 검사, 주소 지정과 프로그램이 가능하며, 표준 디지털 버스와 호환되고, 호스트 컨트롤러에서 보낸 명령을 처리할 수 있다. 내부에 저장된 보정계수를 사용하여 12비트의 정확도를 제공하며, 각각 최대 32개의 센서가 동작하게 한다. 그러나 현재 이러한 노드 구조의 형태에서 노드로 센서 데이터를 해석하지 않으며, 더 큰 시스템의 사전 지식은 필요하지 않다. 노드는 데이터를 처리하고 호스트에 복잡한 방식으로 응답하는 능력 면에서는 예리하지만, 호스트 시스템과 기능 면에서는 무지한 편이다. 그러나 복잡한 노드 전자장치가 진화하면서 시스템 최적화가 지시하는 대로 개선되어 일부 해석하는 능력을 노드에 다운로드할 수 있다.

호스트 컴퓨터는 가능한 한 일반화시키는 것이 좋으며, 데이터를 수집하여 계측하는 컨트롤러는 센서와 액츄에이터의 환경에 맞추어 인터페이스하기 위해 매우 다양한 아날로그 전자장치가 있다. 특히 이들은 특정한 범위에서 응용하도록 맞춤형으로 설계되는 경향이 있으며, 제어 프로그램은 일반적으로 간이성을 갖진 못하다. 시스템 주변장치와 인터페이스하기 위해 필요한 전자장치의 비용은 일반적으로 호스트 컴퓨터의 표준 하드웨어보다 훨씬 비싸다. 이러한 전자장치의 비용과 관련한 상호 연결 문제 때문에 시스템이 작동할 수 있는 센서와 액츄에이터의 수와 복잡성은 제한되며, 센서와 컨트롤러 사이의 상호 연결 문제를 극복하려면 버스로 구성된 시스템이 필요하다.

10-4 감지 노드의 구성

그림 10-4는 하이브리드 5세대의 센서 설계에서 감지 노드에 대해 나타 낸다. 여기서 노드는 3개의 칩으로 나누어지는데, 제한된 처음과 마지막 단계의 인터페이스 전자장치를 포함하는 센서 칩; 증폭, 데이터 변환 및 표준 통신 인터페이스를 통해 외부 센서 버스와 교신하는 마이크로프로세 서 기반의 마이크로컨트롤러를 포함하는 신호 처리와 인터페이스 칩; 노 드 주소를 포함하는 노드 식별 정보와 센서 보상기술에 대한 정보를 가진 PROM과 같은 3가지 칩이다. PROM은 응용을 위해 상용화되거나 혹은 맞춤 설계될 수 있다. 향후 응용 분야로는 전체 노드가 병합된 프로세서 기술을 사용하여 하나의 단일 칩으로 제조될 수 있지만, 현재로서는 다중 칩의 혼합형이 더 합리적인 방식일 것이다.

대량생산과 저비용의 감지 노드를 구현하기 위해 통합된 센서 칩이 보 다 일반적인 VLSI 인터페이스 칩에 표준화된 인터페이스를 제공하여야

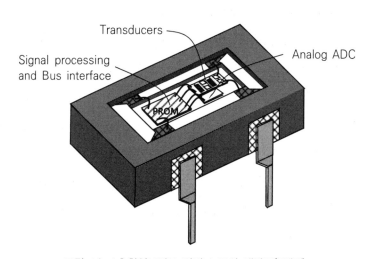

그림 10-4 ▌하이브리드 감지 노드의 개략도(5세대)

한다. 이와 같은 표준 인터페이스가 활용된 후에야 개발과 생산을 통해 얻어진 VLSI 인터페이스 칩이 제조될 수 있을 것이다. 그리고 다양한 응용 분에서 여러 종류의 센서-인터페이스에 대한 요구사항이 있기 때문에 이러한 요구에 충족할만한 단일의 범용 인터페이스 표준을 개발하기는 쉽지 않을 것이다. 즉, 일부 응용에서는 매우 적은 수의 출력단자가 필요한 반면에, 다른 응용 분야에서는 디지털 혹은 주파수 출력 등이 필요할 수 있다. 그러나 각기 다른 응용에서의 요구사항을 만족할 수 있는 여러 인터페이스 표준을 정의하는 것이 가능하다.

하나로 통합된 인터페이스 회로는 일반적으로 센서와 동일한 기판에 일체화되어 신호를 VLSI 칩에 공급한다. 그림 10-5는 VLSI 인터페이스 칩 설계의 블록 다이어그램이며, 이러한 설계에서 센서 칩은 주파수 모드의 펄스 코딩 혹은 디지털 출력을 공급한다. 맞춤 설계된 12비트 주파수-디지털 변환기는 주파수 입력의 디지털 표현을 생성한다. 그러므로 VLSI 신호처리 칩은 디지털 프로세스로 설계되어 훨씬 더 간결한 레이아웃으로 만들어지며, 칩은 온칩 메모리, 온칩 PROM 및 병렬 인터페이스로 확장되고, ADC는 추가로 아날로그 칩을 구성한다.

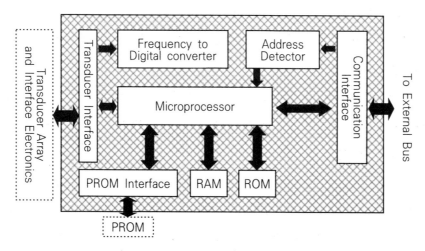

그림 10-5 ▌인터페이스 설계의 블록 다이어그램

10-5 센서 인터페이스 전자장치

센서 인터페이스의 전자장치에서 가장 중요한 기능 중의 하나는 일반적인 센서 신호를 감지 시스템에서 제어하는 외부 전자 시스템과 잘 호환되는 형식으로 변환하는 것이다. 대부분의 반도체 센서는 전기적 성능 특성을 나타내거나 혹은 전반적인 전자 시스템의 성능과 인터페이스 요구사항과 잘 호환되지 않는 단자 특성을 가진다. 생성된 전기 신호는 일반적으로 진폭이 낮거나 혹은 적용된 외부 매개변수에 대한 응답으로 인해 커패시턴스나 저항값이 아주 작게 변화를 일으킬 수 있다. 많은 센서가 필요한 신호 주파수에서 인터페이스 임피던스가 매우 높고 버퍼링이 필요하기도 하다. 또한 출력 단자의 수를 줄이기 위해 많은 센서의 출력을 단일 출력 라인으로 복합화하려고 한다. 이러한 특성 이외에 센서는 때때로 시간, 온도 및 보조 매개변수에 대한 응답에서 표류하기도 하며, 적용된 변환 기술로 인해 비선형성이나 오프셋(offset)과 같은 문제가 발생할 수 있다. 이제, 반도체 센서를 제어 전자장치와 연결하기 위해 필요한 인터페이스 회로의 기본적인 기능을 살펴보도록 한다.

센서 신호의 증폭은 신호 진폭이 낮은 대부분의 응용에서 가장 중요한 기능 중의 하나이다. 외부로 전송하기 전에 센서 측면에서 이러한 신호를 증폭하면 전체 신호대잡음비(SNR)가 증대될 뿐만 아니라, 센서 모듈에 ADC를 통합한 센서에서는 ADC의 동적 범위를 완전히 활용할 수 있다. 많은 집적센서에서 이러한 증폭은 공칭이득, 대역폭 및 성능사양을 갖춘 최소한의 회로만을 필요로 하는 MOS와 바이폴라 증폭기를 사용하여 얻을 수 있다. 그리고 CMOS 증폭기는 비교적 간단하고 간결한 형태의 회로를 구성하여 높은 이득과 높은 입력 임피던스를 제공하고, 동일한 칩 상에 고밀도 디지털 회로와 센서를 통합하여 호환되므로 가장 적합한 구성을 이룰 수 있다. 센서 인터페이스에 사용된 연산 증폭기에 또 다른 중요한 성능 매개변수는 총 입력 기준의 잡음이다. 이미 언급하였듯이, 대부분의 센서 신호는 진폭이 매우 낮음으로 적절한 회로와 설계 기술을 통해 입력 잡음을 줄이는 것이 바람직하다.

신호 증폭 외에도 저항성이나 용량성 센서에서 임피던스 변환이 종종 필요하다. 센서에서의 낮은 임피던스 출력은 다음 단으로 최대 신호 전달을 보장할 뿐만 아니라, 출력단을 구동하고 감지된 신호의 환경 잡음에 대한 민감성을 줄이기 위해 필요하다. 앞서 기술한 바와 같은 대표적인 CMOS 연산 증폭기를 이러한 목적으로 이용할 수 있고, 간혹 증폭과 임피던스 변환은 이러한 회로에서 동시에 얻을 수 있다. 대부분의 응용에서 단지 몇 개만의 트랜지스터와 적은 면적으로 작은 전력을 소비하는 소스 폴로워(source follower)를 사용하여 구성할 수 있다. 용량성 기반의 센서의 경우, 버퍼의 입력 커패시턴스는 가능한 작게 하여 용량성 부하를 최소화하는 것이 가능하다. 다양한 소스 폴로워 구성을 사용하여 여러 종류의 접근 방식이 시도되고 있다.

출력 단자의 수를 줄이는 것은 대부분의 센서에 대한 또 다른 중요한 설계 상의 고려 사항이다. 데이터의 복합성(multiplexing)은 센서에서 필요한 회로의 양을 줄일 뿐만 아니라, 여러 감지 신호를 단일 출력 단자에 복합하거나 전원 라인에 클럭과 제어 신호를 중첩하여 외부 단자의 수를 줄일 수 있다. 저잡음 아날로그 복합성은 필요한 매개변수를 정확히 추출하기 위해 여러 신호를 동시에 측정하여야 하는 감지부나 시스템에서 특히 중요한 기능이다. 센서 패키지에 상호 연결된 단자의 수를 줄이는 것은 패키징을 단순화하고, 가격을 절감하며 통합된 센서 시스템의 장기적인 안정성을 개선하기 위해 매우 중요하다.

10-6 집적센서의 제조 기술

집적센서의 주요 특징 중의 하나는 온칩 인터페이스(on-chip interface)와 제어 회로를 센서 자체에 통합하는 기능이다. 이미 앞서 기술한 바와 같이, 집적센서는 고정밀도와 고속으로 데이터를 수집하여야 하는 대부분 센서의 감지 시스템에서 요구하는 기능을 제공할 수 있다. 온칩 회로는 신호대잡음비를 개선하고, 신호를 버퍼링하여 자체 검사, 보상 및 자동화 교정과 같은 바람직한 기능을 달성하기 위해 사용할 수 있다. 전반적인 센서 성능, 패키징 요구사항, 검사 기술 및 비용 사이에 적절한 균형을 달성하기 위해 시스템의 적절한 분할과 통합된 회로의 수준은 개별적인 응용에서 결정된다. 회로 통합과 더욱 호환이 잘 되는 반도체 센서를 분명히 선호할 것이다. 센서 제조를 위한 공정은 전자장치 제조에 사용되는 공정에 방해되지 않도록 최소화하여야 하고, 이상적으로는 회로 공정이 완료되기 전이나 후에 수행되는 것이 바람직하다. 센서 제조 기술의 선택은 간혹 센서의 성능 특성에 영향을 준다.

적절한 온칩 센서 기술을 선택하기 위해 다음과 같은 요구사항을 충족하여야 하는데, 여기서 작은 다이 영역에 높은 패킹밀도, 온칩 회로에는 동일한 기판에 아날로그와 디지털 전자장치가 모두 통합되어 탑재되어야 하기에 낮은 전력 소비, 기능적인 다양성 및 제조공정의 단순성 구동 기능성 등을 포함한다. 그리고 집적회로는 다음과 같은 3가지 주요 기술을 기반으로 사용하여 제조하며, 바이폴라 접합 트랜지스터(BJT), 금속 산화물 반도체(MOSFET) 및 보완형 MOS(CMOS)이다.

BJT는 일반적으로 매우 고속이고 고구동 응용 분야에 사용되어 왔으며, 큰 부하를 상당히 높은 속도로 구동하여야 한다. 따라서 많은 양의 전력과 면적을 필요로 한다. 디지털 회로 분야에서 바이폴라 기술은 대부분 MOS

기술로 대체되어 왔는데, 이는 바이폴라 소자가 복잡한 처리를 요구하고, 패킹밀도가 낮기 때문이다. 그러나 아날로그 분야에서는 본질적으로 바이폴라 아날로그 회로의 더 높은 이득과 속도, 그리고 더 높은 균일성 때문에 많이 이용되고 있다. 그러나 바이폴라 기술은 센서 응용 면에서 아날로그 기능을 구현하는데 그리 적합하지는 않다. 그 이유는 첫째로 다양한 센서에서 높은 입력 임피던스의 인터페이스가 필요하며, 둘째로 바이폴라 소자의 구조는 아날로그 복합성에 적합하지 않아 양방향 스위치로 사용하기 어렵기 때문이다. 따라서 바이폴라 소자의 일부 단점을 극복하기 위해 집적 주입 로직(integrated injection logic)이나 바이폴라 CMOS(BICMOS)와 같은 기술이 개발되고 있다.

반면에 MOS 회로 기술은 매우 높은 패킹밀도와 낮은 전력소비를 제공하여 많은 센서 응용 분야에 적합하다. 또한 매우 간단한 제조공정으로 인하여 수율이 높은 편이고, 신뢰성이 우수하기 때문에 집적 마이크로센서에 대한 요구사항을 가장 잘 충족한다. 특히 MOS 소자는 양방향 아날로그 스위치로서 쉽게 사용할 수 있어 소형 복합소자를 제조하는데 매우 유용하다.

앞서 언급한 바와 같이 CMOS는 현재 대부분의 집적센서와 액츄에이터에서 선택할 수 있는 회로 기술로서 가장 적합하다고 할 수 있다. 이는 NMOS 회로보다 이득이 더 높은데, p채널과 n채널 트랜지스터가 모두 존재하기 때문이다. 그리고 디지털과 고성능 아날로그 회로를 구현할 수 있고, 낮은 소비전력, 우수한 패킹밀도 및 고속을 제공하여 안정적이고, 높은 수율을 제공하며 원만한 제조 기술을 갖고 있다는 장점이 있다. 표준 CMOS 기술이 집적센서에 대부분의 회로 요구사항을 충족하지만, 일부 기능을 구현하기 위해 아직도 바이폴라 소자를 필요로 한다.

10-7 집적센서의 제조 일례

집적센서의 제조 기술은 크게 두 가지로 나눌 수 있는데, 벌크와 표면 미세가공 기술이며, 모두 개별 제품으로서 우수한 마이크로 센서를 구현하기 위해 사용할 수 있다. 벌크 미세가공 기술에서 센서는 설계된 회로를 모두 수용할 수 있는 동일한 실리콘 웨이퍼에서 제조되며, 이를 실현하기 위해 실리콘 기판에는 집적 회로와 호환되는 불순물 유형과 농도를 가져야 한다. 그리고 미세 구조로 정밀하게 제조하기 위해 미세가공 단계를 통합하여 수용하여야 한다. 특히 요구사항을 충족하기 위해 사용하는 기술 중의 하나는 전기화학적 식각공정으로 다이어프램과 같은 미세 구조를 제조하는 것이다.

그림 10-6(a)는 식각 기술을 사용하여 제조된 집적센서의 단면도이다. 이러한 공정에서 미세 구조는 일반적으로 p형과 n형의 불순물 반도체를 표준 실리콘 기판 위에 에피택셜 방식으로 성장시켜 단결정 실리콘을 형성한다. 에피층은 센서 요구사항에 따라 적절한 두께와 불순물 농도로 성장시켜 활성 소자를 제작한다. 집적센서를 위해 개발된 또 다른 벌크 실리콘 미세가공 기술은 그림 10-6(b)에 나타나듯이 미세 구조를 제작하기 위한 심층 붕소 확산과 식각 기술이다. 이러한 공정에서 붕소 식각은 심층 붕소 확산에 필요한 고열 처리로 회로가 노출되는 것을 방지하기 위해 제조 초기에 형성하고, CMOS와 회로 공정을 진행한다. 표면 미세가공 기술에서 센서 미세 구조는 증착된 박막을 사용하여 제조되며, 그림 10-6(c)에서 나타낸다. 표면 미세가공 집적센서에서 센서 제조공정은 회로 공정 마지막에 수행한다. 그리고 그림 19-6(d)는 표준 CMOS 기술을 이용하여 제조한 단면도를 보여준다.

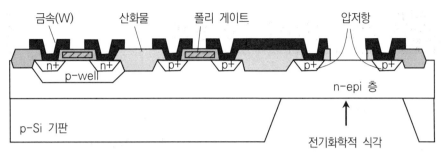

(a) p-n 접합 전기화학적 식각을 이용한 집적센서의 단면도

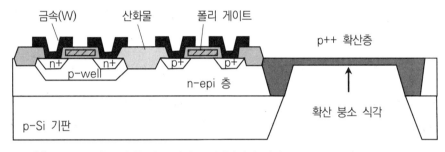

(b) 붕소 식각을 이용한 벌크 실리콘 집적센서의 단면도

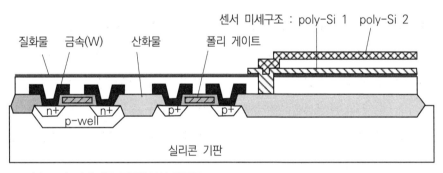

(c) 표면 미세가공 집적센서의 단면도

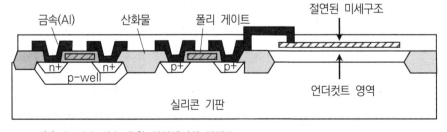

(d) CMOS 기술 호환 집적센서의 단면도

10-6 ▌집적센서 제조 기술의 일례

10-8 반도체센서의 미래 응용

센서 기술의 진화는 개별 센서에서부터 시작하여 집적센서와 디지털센서를 거쳐 스마트센서로 전개되었으며, 제조 기술은 MEMS 기술, 초고밀도 집적회로(VLSI) 기술과 CMOS 기술을 포함하여 전체 시스템을 칩 하나에 담아 기술집약적인 시스템 온칩(SoC; system on chip)에 이르게 되었다. 이러한 스마트센서는 측정 대상을 감지하는 검출기인 센서와 신호 처리를 위한 마이크로프로세서를 결합한 형태로 데이터 처리, 자동보상, 자가진단 및 의사결정 등의 기능을 수행한다. 스마트센서는 소형, 경량, 고성능, 다기능, 고편의성 및 고부가가치의 센서라고 할 수 있다. 스마트센서의 장점을 살펴보면 다음과 같다.

- 디지털 센서 신호는 아날로그 센서 신호보다 정확하여 우수한 처리 성능과 공정제어를 실현할 수 있고, 연비와 생산성을 높일 수 있다.
- 스마트센서는 많은 배선을 필요로 하지 않아 소자 간의 연결을 줄이고, 장치의 신뢰성을 높이며, 무게와 부피를 줄일 수 있다.
- 디지털 출력 방식은 아날로그 센서에서 나타나는 간헐적인 신호가 없어 소요 시간을 줄일 수 있다.
- 마이크로프로세서를 사용하면 출력 신호에 정보를 삽입할 수 있다.
- 스마트센서는 개방적인 디지털 통신 프로토콜을 활용할 수 있다.
- 센서 자체에서 신호를 조절하고, 신호를 미리 처리할 수 있다

스마트센서의 구성은 센서, 전원부, 신호 처리부와 통신부 등으로 구분하며, 최근에는 측정 대상으로 각종 물리량을 측정하는 센서에서 가스나 이온 및 생화학 물질 등을 검출하기 위한 화학센서까지 적용하고 있다. 그리고 미세가공 기술인 MEMS와 나노 기술을 이용하여 센서의 소형화, 감

도 개선과 저전력화를 위해 많은 연구가 진행되고 있다.

최근에는 모바일센서(mobile sensor)로 주로 이동형 스마트 장치인 스마트폰, 태블릿 PC와 노트북 등에 적용하기 위한 시도가 이어지고 있다. 이와 같이 스마트 기기에 탑재되는 센서로는 마이크로폰, 이미지 센서, 자이로스코프, GPS, 터치센서, 조도센서, 근접센서 및 지자기센서 등이 사용되고 있다. 특히 스마트폰에 적용되는 모바일센서는 MEMS 기술의 개발에 따라 더욱 초소형화되고 저가격화되면서 계속 증대되는 실정이다.

최근 전기자동차의 개발과 더불어 기계 중심의 자동차 기술에서 전기, 전자 및 정보통신 기술이 적용되는 융·복합 개념의 자동차로 센서의 비중은 더욱 늘어나는 추세이다. 이는 교통사고를 획기적으로 줄이고 운전자의 편의성과 충족도를 높이기 위한 것이며, 이러한 스마트 카(smart car)는 최종적으로 자동 운행이 가능한 무인자동차이며, 자동차의 품질, 신뢰성, 편의성과 안전성을 증대하고, 고성능 저비용의 자동차 개발을 목표로 하고 있다. 이와 같이 스마트센서를 이용하는 추세에 따라 대략 200 여개의 센서가 자동차에 탑재되고 있으며, 센서의 적용은 엔진을 비롯하여 자동차 제어를 위한 ABS와 ESP 시스템 등으로 확대되었다. 그리고 에어백, 초음파센서, 레이더, 카메라 비전 등의 충돌 방지와 물체인식을 위한 센서, 편의를 위한 공조 제어와 조명 제어 등으로 각종 센서가 적용되고 있다.

그리고 바이오센서는 특정한 물질을 이용하여 선택 특이성이 있는 생체 수용체와 반응을 유도하고, 신호변환기로 측정하여 특정 물질의 존재나 양을 측정할 수 있는 장치이다. 바이오센서의 활용은 의료와 환경 분야뿐만 아니라, 산업 공정, 군사용 장비와 식품 등의 분야에 이용한다. 현재 인구의 고령화와 성인병을 관리하고 예방하는 차원에서 의료 분야로의 수요는 급증할 것으로 전망되고 있다.

10-9 스마트센서 기술의 일례

최근 몇 년 동안 집적회로, 벌크 미세가공 기술과 MEMS 기술의 발전을 통해 다양한 스마트센서가 개발되고 있다. 첫 번째 일례로 그림 10-7에서 보여주는 MEMS 거울은 MEMS 기술을 이용하여 실리콘 위에 움직이는 거울을 형성하고, 거울 표면에 입사된 레이저 빔을 반사하거나 스캔하여 레이저 스캐닝을 실행한다. MEMS 거울은 압전, 전자기, 정전기 및 기타 구동 방식을 사용하여 사용할 수 있다. MEMS 거울은 부품 수가 적어 깨지기 어렵고, 크기가 작아 대량생산이 용이하다.

MEMS 거울은 이미 오래 전부터 스캐너, 프로젝터 및 기타 장치에 사용되어 왔으며, 최근에는 LiDAR(빛 감지나 거리 측정), HUD(헤드업 디스플레이), HMD(헤드 마운트 디스플레이) 등에 응용되고 있다. 이 중 LiDAR는 완전 자율주행을 구현하기 위한 필수 기술로 평가되며, LiDAR는 빛을 이용해 거리를 감지하고 측정하는 기술이다. 근적외선, 가시광선, 자외선 등을 이용하여 물체를 조명하고, 반사된 빛을 광센서로 감지하여 거리를 측정한다.

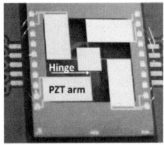

10-7 ▌MEMS 거울의 사진

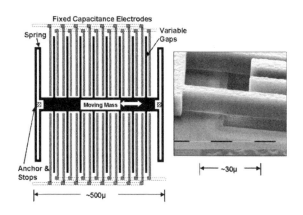

10-8 ▌ MEMS 가속도계의 사진

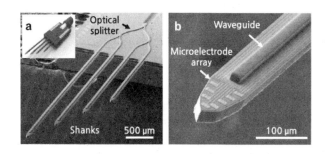

10-9 ▌ 다중 생크 광전극 배열의 사진

그림 10-8은 폴리실리콘 표면 미세가공 MEMS 빗살형 가속도계의 구조 설계를 보여준다. 그림에서 MEMS 빗살 가속도계의 가동 부분 4개의 접힌 빔과 검증용 이동 질량으로 구성되며, 움직일 수 있는 핑거(finger)와 고정 부분에는 2개의 앵커(anchor)가 포함된다. 그리고 왼쪽과 오른쪽 고정 핑거와 중앙 이동 질량은 4개의 접힌 빔을 통해 2개의 앵커에 연결된다.

그림 10-9는 MEMS 기술을 이용한 광유전학 분야에 응용되는 다중 생크(multi shank) 광전극 배열을 나타내며, MEMS 기반의 신경 프로브는 개별 뉴런(neuron)의 신경 신호를 동시에 감지하는 기능으로 인해 빛에 의해 변조되는 신경 활동을 모니터링한다.

10-10 ▌실리콘 광학 MEMS 스위치의 SEM 사진

광학 MEMS는 에너지 효율성이 매우 높고 간결하여 반도체와 광학 제
조공정을 하나에 원활하게 통합할 수 있다. 그림 10-10은 실리콘 광학
MEMS 스위치의 SEM 사진을 보여준다. 새로운 광학 MEMS 분야에서
대량의 전기와 광 신호를 인터페이스하고, 실리콘 광학 MEMS 기반의 회
로를 구성하여 제어할 수 있다.

그림 10-11은 MEMS 기술을 이용한 자이로 센서 칩을 보여준다. 1991
년 실리콘-유리 구조의 가속도계를 기반으로 시작된 진동형 자이로스코프
는 현재 튜닝 포크(tuning fork)형, 진동 쉘형, 진동 빔형 등으로 다양한 종류
의 마이크로 자이로 센서를 개발하였다.

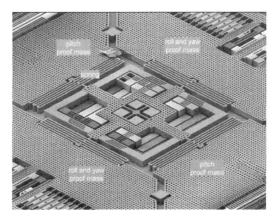

10-11 ▌MEMS 자이로 센서 칩의 SEM 사진

10-12 ▎ MEMS 가스센서의 SEM 사진

그림에서 나타나는 자이로 센서는 코리올리 힘을 측정하여 힘에 대한 각속도를 산출하는 방식으로 내부 칩에 튜닝 포크형의 진동하는 추를 사용하여 모든 방향에서 작동하는 회전력을 측정한다.

그림 10-12는 MEMS 기술을 기반으로 제조된 가스센서를 보여준다. 그림 중에 왼쪽 사진에서는 SEM를 이용하여 촬영한 MEMS 칩의 개략도를 나타내고, 다른 하나는 중앙에 위치한 가스에 민감한 물질을 MEMS 기술로 제작한 부분을 보여준다. 가스센서 칩의 중앙에 가스를 감지하는 영역은 4개의 Pt 전극에 연결되는 구조이며, 가스에 민감한 재료는 가열판에 놓여져 있고, 와이어 본딩으로 외부 회로로 연결된다. 이와 같은 칩은 여러 개의 시험 채널을 갖춘 MEMS 가스센서 어레이를 구성하게 된다. 가스센서 시스템의 각 채널에 놓인 가스센서는 다양한 환경에 따라 여러 종류의 가스를 측정하여 시험하게 된다.

최근 MEMS 기술을 이용한 다양한 센서들이 개발되고 있으며, 특히 자동차 분야에서도 차량의 내부와 외부 환경에서 차량 성능 정보 감지, 전송, 분석, 기록 및 표시할 수 있도록 하기 위해 센서 수요가 계속해서 증가할 것으로 예상된다.

10-10 자동차용 스마트센서 기술

최근 자동차와 ICT가 융합되면서 자동차 기술은 더 이상 기계 기반의 산업이 아닌 전자 기반의 산업으로 변모하고 있다. 이와 같이 자동차산업의 가치사슬은 전자산업이 스며들면서 새로운 양상으로 변하고 있다. 즉 미래에 다가올 자동차는 동력의 근원을 내연기관에서 전기로 변화시키면서 환경오염문제를 해소할 것이고, ICT가 융합하여 안전성과 편리성을 제공하는 자율주행이나 무인운행을 기반으로 운행되는 스마트 자동차로 급격히 바뀔 것이다.

자동차에서 사용하는 센서는 각종 제어시스템과 연결되는 것으로 엔진, 스티어링, 트랜스미션, 브레이크, 계기 혹은 경보, 공조 등이며, 추가로 안전, 내비게이션 및 서스펜션과 같은 기능에도 포함된다. 자동차용 센서를 보다 구체적으로 살펴보면, 주행, 회전, 정지, 안전, 쾌적, 환경, 온도, 압력, 가속도, 위치, 각도, 회전, 유량 및 가스 등을 검출하기 위해 반도체 실리콘을 기반으로 MEMS 기술이 적용되고 있다. 특히 자동차에 자율주행 시스템을 구축하면서 요구되는 구성요소로는 레이더(radar), 카메라(camera) 및 라이다(Lidar) 등의 센서가 가장 중요하며, 최적의 제어를 위해 인공지능 알고리즘에 대한 성능과 신뢰성을 가진 센서가 필요하다.

레이더는 전자기파를 발사하여 반사된 전파로 주변 환경을 탐지하는 기술이며, 물체의 거리, 속도 및 상대적 각도 등을 측정한다. 특히 안개, 비나 눈 등의 날씨 조건에 영향을 받지 않는다. 그러나 레이더에 사용되는 RF 파장은 작은 물체를 감지하거나 물체의 형태를 파악하는 데 제한이 있어, 다른 차량이나 벽, 건물 등과 같은 장애물을 구분하거나 복잡한 주행 환경을 정확하게 인식할 수 없다는 단점이 있다. 따라서 자율주행 차량에서 정확도를 높이기 위해서는 다른 센서의 도움이 필요하다.

카메라는 전방, 후방 및 주변 환경을 영상으로 촬영하는 센서이며, 자동 긴급제동 브레이크(AEB)와 차선유지보조시스템(LKA) 등 자율주행에 폭넓게 활용된다. 다른 자동차센서들에 비해 가격이 저렴하고, 객체, 차선, 신호등 인식 등의 다양한 정보를 제공할 수 있으며, 높은 해상도로 환경을 정밀하게 관찰할 수 있다는 장점이 있다. 그러나 먼지나 역광 등의 환경에 따라 정확한 거리 정보와 물체의 위치를 파악하기 힘들다는 단점이 있다. 단점을 극복하기 위해 최근 고화질의 광각 카메라가 개발되고, 물체의 식별이나 거리 탐지를 위한 이미지 프로세싱 모듈과 칩이 개선되고 있다.

라이다는 레이저를 이용하여 주변 환경의 거리, 방향, 위치 등을 측정하는 센서이며, 초당 수백만 회 이상의 레이저를 방출하여 물체의 구체적이고 상세한 형상을 관측하는 능력이 있다. 이를 통해 라이다는 실시간으로 주행 경로를 계산하고 거리, 속도, 온도, 물질분포, 방향 등을 감지하여 고해상도의 3차원 지형을 측정할 수 있다.

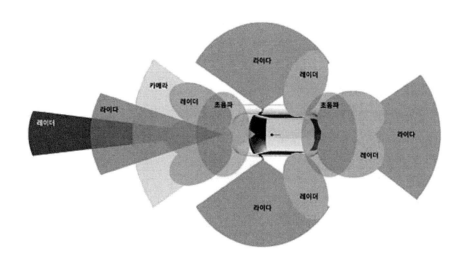

[출처: 오토저널, 2023]

10-13 ▌ 자율주행자동차의 기본 센서구성

부 록

A 참고문헌

- 권상욱, 원종화, "MEMS 기술을 이용한 온도, 압력, 습도 복합센서", 전자공학회지, 2005.
- 김현후 외, "반도체 제조장비 기술", 내하출판사, 2023.
- 김현후 외, "센서 기술", 내하출판사, 2017.
- 윤여홍 외, "나노-바이오센서 기술과 특성", 한국정밀공학회지, 2008.
- 이덕출 외, "센서공학", 인트미디어, 2002.
- 이병렬, "센서 계측공학", 도서출판 홍릉, 2011.
- 이병윤, "국내외 자율주행자동차 기술개발 동향과 전망"", 정보와 통신, 2016.
- 이선호, 권기창, "금속산화물 기반 반도체식 가스센서의 연구개발 동향과 전략"", 세라미스트, 2023.
- 박일천, 이병문, "스마트 자동화를 위한 센서기초공학", 광문각, 2020.
- 박제균, "바이오센서의 연구동향", 전자공학회지, 2001.
- 서영호 외, "극미세 교류 플라즈마 내에서의 홀 효과를 이용한 마이크로 자기센서", 대한기계학회지, 2003.
- 신현식, 김종웅, "인공지능 기반의 스마트센서 기술 개발 동향", 마이크로전자 및 패키징학회지, 2022.
- 장호원, "반도체식 가스센서의 개발 동향", 전기전자재료, 2011.
- 전국진, "압력센서 원리 및 응용", 대한기계학회지, 1993.
- 정지성 외, "자율주행 차량용 라이다 센서 기술 동향", 오토저널, 2023.
- 제창한 외, "MEMS 압력센서의 기술 및 산업동향", 전자통신동향분석, 2015.
- 황교선 외, "바이오센서", 센서학회지, 2009.
- 황호정, "반도체 공정기술", 색능출판사, 2009.

- C.Y. Chang and S.M. Sze, "ULSI Technology", McGraw-Hill, 1996.
- J. Fraden, "Handbook of Morden Sensors: Physics, Designs and Applications", Springer, 2015.
- R.Frank, "Understanding Smart Sensors", Artech House, 2013.
- M. Shur, "Physics of Semiconductor Devices", Prentice-Hall, 1990.
- S.M. Sze, "Semiconductor Devices: Physics and Technology", John Wiley & Sons, 1985.
- S.M. Sze, "VLSI Technology", McGraw-Hill, 1983.
- S.M. Sze, "Semiconductor Sensors", John Wiley & Sons, 1994.

B   반도체센서 기본 용어

- **Absolute reading** – 고정된 기준점을 기준으로 측정한다.

- **Accuracy** – 측정값이 표준 또는 원하는 양과 일치하는 정도이며, 때로는 전체 범위 출력의 백분율로 표시되는 오류의 양으로 표시된다. 이는 일반적인 용어이므로 사양에서는 사용하지 않는다. 대신 오류나 부정확성을 명시하여야 한다.

- **Active transducer** – 원하는 출력을 생성하기 위해 외부 에너지 적용(변환되는 에너지 제외)이 필요하지 않은 변환기이다.

- **A/D or ADC** – 아날로그-디지털 변환기로서, 일반적으로 아날로그 전압이나 전류를 동일한 디지털 표현과 지정된 수의 2진 비트로 변환한다. 예를 들어, 전압 입력 12비트 A/D 변환기는 결정된 범위에 걸쳐 가변적일 수 있는 입력 전압을 받아 이를 출력 2진 비트 수(4096 기본 10, 0~4095에 해당)로 변경한다. 이 경우 각각 1 또는 0이 될 수 있는 12개의 이진 비트가 있다. 모두 1인 경우 출력은 4095, 기본 10이다.

- **Algorithm** – 원하는 출력을 얻기 위해 입력 변수에 적용되는 일련의 수학적 단계이다.

- **Angular Load Concentric(각도 하중 동심원)** – 적용 지점에서 기본 축과 동심원으로 적용되고, 기본 축에 대해 일정 각도로 적용되는 하중이다.

- **Angular Load Eccentric(각도 하중 편심)** – 적용 지점에서 기본 축과 기본 축에 대해 일정 각도로 편심으로 적용되는 하중이다.

- **ASIC** – 응용별 집적 회로(application-specific integrated circuit)의 약어로, 특정 고객을 위해 일련의 특정 기능을 수행하도록 설계 및 제조된 독점 반도체 구성 요소이다.

- **Asynchronous** – (1) 하드웨어: 기준 클럭과 동기화되지 않고 임의의 시간에 발생하는 이벤트의 속성이다. (2) 소프트웨어: 작업을 시작하고 작업이 완료되거나 종료되기 전에 기능을 계속하기 위해 돌아가는 기능의 속성이다.

- **Axial Load** – 공통 축을 공유하는 기본 축의 길이 또는 평행에 적용되는 하중이다.

- **Beat frequency** – 여기 주파수와 같은 두 주파수 사이의 차이를 의미한다.

- **Best straight line (BSL)** – 측정량 대 출력 신호의 그림을 통해 그려진 직선으로, 데이터와 선 사이의 최대 오류가 최소화되는 기울기와 Y 절편을 갖는다.

- **Calibration** – 일련의 알려진 측정값을 센서에 적용하여 오류를 최소화하기 위해 센서를 조정할 수 있는 테스트이다.

- **Calibration constant** – 감도 계수 또는 교정 계수라고도 하는 교정 상수는 센서 출력을 해당 물리적 단위로 변환하는 데 사용되는 수치이다. 이는 센서의 출력 신호와 측정되는 실제 값 간의 관계를 나타낸다. 교정 상수는 교정 절차를 통해 결정되며, 실제 응용 분야에서 센서 판독값을 정확하게 해석하는 데 필수적이다.

- **Calibration curve** – 표준 테스트 하중에 대한 변환기 출력을 비교한 기록 그래프이다.

- **CAN (controller area network)** – Bosch가 자동차용으로 개발하였지만, 현재는 산업 자동화에 널리 사용되는 직렬 버스이다. 버스 경합의 우선 순위 수준 해결을 활용하여 전원용 컨덕터(연선) 2개와 디지털 신호용 컨덕터 2개를 사용한다.

- **Capsule** – See diaphragm.

- **Cermet** – 저항 소자를 제작하기 위해 사용되는 복합 재료이며, 일반적으로 세라믹 기판에 적용된다. 복합재는 주로 세라믹과 금속 입자로 구성된다.

- **Combined Error** – 비선형성(부하 증가) 및 히스테리시스(부하 감소)로 인해 트랜스듀서 출력의 원래 무부하 출력과 정격 부하 출력 사이에 그려진 직선으로부터의 최대 편차이다. 정격 출력의 백분율로 표시된다.

- **Compensation** – 원하지 않는 영향이나 경향에 대응하기 위해 측정 데이터에 회로를 추가하거나 알고리즘을 적용하는 것이다. 예를 들어, 바람직하지 않은 열 감도를 갖는 위치 센서를 보상하여 온도에 덜 민감하게 만들 수 있다. 비선형 위치 응답을 갖는 위치 센서는 덜 비선형적으로 보상될 수 있다.

- **Conversion rate** – D/A 또는 A/D가 변환할 수 있는 속도 또는 센서의 초당 샘플 수를 의미한다.

- **Conversion time** – A/D 또는 D/A의 변환이나 센서가 새로운 출력 데이터 세트를 준비하기 위해 필요한 시간이다.

- **Creep** – 부하가 걸린 상태에서 시간이 지남에 따라 발생하는 로드 셀의 출력 변화로, 모든 환경 조건 및 기타 변수가 일정하게 유지된다.

- **Creep Recovery** – 특정 기간 동안 적용된 하중을 제거한 후 시간이 지남에 따라 발생하는 무부하 출력의 변화이다. 일반적으로 정격 부하 제거 직후 특정 기간 동안 측정되며, 특정 기간 동안 정격 출력의 백분율로 표시된다.

- **Current loop transmitter** – 가변 전류(보통 4~20mA)를 통해 출력 신호를 전달하는 센서이다. 0의 측정량은 4mA의 루프 전류를 생성하고, 풀 스케일 측정량(full-scale measurand)은 0과 풀 스케일 사이의 선형 전류 레벨에서 20Ma를 생성한다. 송신기는 4mA가 센서에 전원을 공급하기에 충분하고, 최대 20mA의 신호 레벨을 표시하기 위해 추가 전류가 유입되는 2선식 시스템으로 가장 많이 이행되므로 두 선(단일 연선)만 있으면 가능하며, 전력을 공급하고 신호를 전송한다.

- **D/A or DAC** – 디지털-아날로그 변환기로, 일반적으로 마이크로컨트롤러의 2진수를 아날로그 전압 또는 전류로 변환한다. 예를 들어, 전압 출력 12비트 D/A 변환기는 2진 입력(최대 4095진수 10)을 수용하고 이를 지정된 범위에 걸쳐 전압 출력으로 변경한다.

- **Damping** – 시스템에서 에너지가 고갈되면서 진동 시스템의 진폭이 감소하는 특성이다. 측정량 단계 변경이 센서에 적용된 경우, 출력 레벨이 안정화되기 전에 최종 출력을 오버슈팅(overshooting)하면 센서가 과소감쇠된다. 임계 감쇠는 센서 출력이 오버슈트 없이 최종값에 도달할 때까지 가장 짧은 시간을 제공한다. 오버댐

핑된 센서의 출력도 오버슈트 없이 최종값에 도달하지만, 오버슈트를 방지하는 데 필요한 것보다 더 많은 댐핑을 갖는다.

- **Damping ratio** – 감쇠비(damping ratio)는 임계 감쇠에 대한 시스템의 감쇠 수준 비율을 단위 없이 수학적으로 표현한 것이다.

- **Dead Volume** – 실온 및 기압에서 센서 또는 변환기의 압력 포트 내부의 부피이다.

- **Deflection** – 무부하 및 정격 하중 조건을 포함하는 로드셀의 기본 축을 따라 길이의 변화이다.

- **Diaphragm** – 압력 차이에 따라 위 또는 아래로 움직이는 두 공간 사이의 얇은 장벽이다. 선형 운동 범위를 확장하기 위해 표면 회선이 있는 원형 금속 시트로 만들어지는 경우가 많다. 함께 용접된 두 개의 다이어프램 가장자리가 압력 캡슐을 형성할 수 있다.

- **다이어프램(Diaphragm)** – 압력 유도 변위 하에서 값이 변경되는 센서의 멤브레인 부분이다.

- **Displacement sensor** – 목표물의 현재 위치와 이전에 기록된 목표물 위치 사이의 거리를 측정하는 센서이다.

- **Drift** – 측정량의 변화와 관련이 없는 시간 경과에 따른 센서 출력의 원치 않는 변화이다. 단기 표류(short-term drift)는 일반적으로 몇 분 또는 몇 시간 내에 발생하며, 때로는 긍정적일 수도 있고 때로는 부정적일 수도 있다. 장기 표류 (long-term drift)는 일반적으로 월별 또는 연간 단위로 발생하며, 종종 한 방향으로 누적된다. 즉 일정한 부하 조건에서 예기치 않은 출력 변화를 의미한다.

- **Eccentric Load** – 기본 축과 평행하게 적용되지만 기본 축과 공통 축이 없는 하중이다.

- **Electrical Excitation(전기 여자)** – 변환기의 입력 단자에 적용되는 전류 또는 전압이다.

- **EMI (electromagnetic interference)** – 하나의 장치에서 전자기 방사선이 방출되어 다른 장치의 성능에 영향을 미치는 경우, 이를 전자기 간섭(EMI)이라고 부른다.

- **Encoder** – 선형 또는 각도 위치를 아날로그나 혹은 디지털 펄스 또는 직교 신호의 구형파로 변환하는 장치이다. 절대 읽기 또는 증분 읽기일 수 있다.

- **Error** – 동일한 조건에서 센서 출력과 이상적인 센서 출력의 차이이다. 오류는 일반적으로 전체 범위 출력의 백분율로 표시되며, 측정되는 하중의 표시된 값과 실제 값 사이의 대수적 차이이다.

- **Excitation** – 일반적으로 전압, 전류, 주파수, 진폭, 파형 또는 기타 매개변수가 밀접하게 제어되는 감지 요소 또는 변환기용 전원이다.

- **Flush Diaphragm** – 압력 포트가 없는 트랜스듀서의 맨 끝에 위치한 감지 장치이다.

- **Frequency response** – 신호 진폭을 사용할 수 있는 주파수 범위(일반적으로 전압이 정상량의 0.707로 감소되는 것과 같이 −3db 지점)이다. 로드셀 출력이 지정된 한계 내에서 정현파로 변화하는 기계적 입력을 따르는 주파수 범위이다.

- **FSK (frequency-shift keying)** – 논리적 0 = 2200Hz이고 논리적 1 = 1200Hz의 디지털 통신을 위한 Bell 202 표준이다.

- **Full scale** – 변환기 또는 센서의 작동 범위에 있는 측정량의 최대값 또는 100%이다. 즉, 특정 응용 프로그램 또는 테스트에 대한 최대 부하에 해당하는 생성된 양이다.

- **Full Scale Output** – 최소 출력과 정격 용량 간의 수치 차이이다.

- **Full-scale range/full range** – 단극성 출력 센서에서는 풀 스케일과 제로 사이의 차이이다. 양극성 출력 센서에서는 범위의 양수 부분과 음수 부분의 합이 포함된다.

- **Gauge factor** – 게이지 팩터라고도 하는 브릿지 팩터(bridge factor)는 적용된 기계적 변형률에 대한 스트레인 게이지의 전기 저항 변화의 비율을 나타내는 무차원 수량이다. 이는 변형으로 인한 저항 변화에 대한 스트레인 게이지의 민감도를 특성화하며, 일반적으로 휘트스톤 브리지 구성을 사용하는 로드 셀 또는 힘 센서와 같은 스트레인 감지 응용 분야에서 정확한 스트레인 측정을 위한 교정 매개변수로 제조업체에서 제공한다.

- **Gauge head** – 슬리브, 롤러 또는 볼 베어링 내에서 안내되는 스프링 장착 또는 공기 복귀 프로브 샤프트, 교체 가능한 팁 또는 스타일러스가 있는 프로브 샤프트, 일반적으로 장착 나사산이 통합된 전체 하우징을 포함하는 LVDT 어셈블리이다.

- **Hall effect** – 전류가 흐르는 반도체가 자기장 안에 놓이면, 자기장과 도체에 서로 수직인 방향으로 도체의 반대쪽 두 가장자리 사이에 전위차(전압)가 생성된다. 일반적으로 자기장의 크기와 극성을 감지하는 데 사용된다.

- **HART (Highway Addressable Remote Transducer)** – 원래 Rosemount사가 개발한 아날로그 및 디지털 통신 프로토콜이다. 4~20mA 송신기 루프 위에 FSK 디지털 신호를 구현한다. 두 개의 전선(연선)을 통해 리더 명령과 팔로워 응답을 활용한다.

- **Hysteresis** – 입력이 증가하는지 혹은 감소하는지에 관계없이 입력 매개변수의 변화를 나타내는 출력을 생성하는 센서의 능력을 측정한 것이다. ; 동일한 적용 하중에 대한 로드셀 출력 판독값 사이의 가장 큰 차이로 하나는 부하를 0에서 증가시키면서 얻고, 다른 하나는 정격 출력에서 부하를 줄임으로써 얻어진다.

- **Incremental reading** – 발생하는 측정량의 변화만을 나타내는 센서이다. 마지막으로 판독값이 기록되고, 카운트가 0이 된 이후 이러한 변경 사항의 합계(카운트)를 추적하기 위해 전자 회로가 사용된다. 정전으로 인해 카운트가 손실되거나 전원이 차단된 상태에서 감지 요소가 이동한 경우, 정상 작동 상태로 복귀했을 때의 카운트는 측정량의 현재 크기를 나타내지 않는다.

- **Input Impedance** – 부하가 가해지지 않고 출력 단자가 개방 회로인 지점에서 실온에서 트랜스듀서의 여기 단자를 가로질러 측정된 저항이다.

- **Input transducer** – 입력 측정량을 대표하는 사용 가능한 출력을 생성하는 장치이다. 출력은 일반적으로 수신 장비(예: 표시기, 컨트롤러, 컴퓨터 또는 PLC)에서 적절하게 사용하기 전에 조정(예: 증폭, 감지, 필터링, 크기 조정 또는 기타 조정)된다. 간혹 입력 변환기와 일명 변환기라는 용어는 같은 의미로 사용될 수 있다.

- **Intelligent sensor** – 자체 교정, 자가 테스트, 자체 식별, 적응형 학습 또는 사전 결정된 조건이 존재할 때, 특정 조치를 취하는 등의 추가 기능을 포함하는 센서이다.

- **Intercept** – See Y-intercept.

- **Intrinsic safety (intrinsically safe)** – 발화 에너지의 존재 가능성을 제거하여 연소나 폭발을 방지하기 위해 사용하는 방법을 의미한다.

- **Least squares** – 일련의 알려진 점을 통과하는 최상의 직선을 찾기 위한 선형 회귀 방법이다.

- **Linearity** – See nonlinearity.

- **Load Cell** – 하중이 가해지는 로드셀, 트랜스듀서 또는 하중 센서의 상단 표면의 둥근 모양이다.

- **Measurand** – 센서에 의해 측정되고 센서 출력에서 대표적인 반응을 일으키는 물리량이다.

- **Measuring range** – 위치 센서의 측정 범위는 0부터 풀 스케일까지 지정되거나 혹은 ± 풀 스케일 범위(FSR)로 지정될 수 있다. 예를 들어, ±100mm FSR과 같은 양극 범위를 지정하는 것은 LVDT에서 일반적이다. 따라서 측정 범위에는 센서가 측정할 수 있는 측정량의 가능한 총 값이 포함된다.

- **Natural frequency** – 감지 요소나 변환기가 감쇠나 구동력 없이 진동하는 경향이 있는 주파수이다. 즉, 무부하 상태에서 자유 진동의 주파수를 의미한다.

- **Nonlinearity** – 센서 출력 데이터를 통해 그려진 최적의 직선과 실제 데이터 점 사이의 최대 편차이다. 무부하 출력과 정격 출력 사이에 그려진 직선에서 교정 곡선의 최대 편차이며, 정격 출력의 백분율로 표시되고 부하가 증가할 때만 측정된다.

- **Offset** – 측정량의 여러 수준에서 일정한 측정값과 기대값 사이의 차이이며, 즉 척도 인자 오류가 아니다.

- **Output** – 로드셀에 의해 생성된 신호(전압, 전류, 압력 등). 출력이 여자에 정비례하는 경우, 신호는 여자의 볼트당 볼트, 암페어당 등으로 표현되어야 한다.

- **Passive transducer** – 수동형 변환기는 외부 에너지 공급이 필요하고 일반적으로 저항, 커패시턴스 또는 인덕턴스와 같은 전기 매개변수의 변화인 출력 신호를 생성하는 변환기이다.

- **Piezoresistance** – 다이어프램의 적용된 변형률로 인한 저항의 변화이다.

- **Primary Axis(기본 축)** – 로드 셀이 하중을 받도록 설계된 기하학적 중심선(축)이다.

- **Pull Plate** – 장력 또는 압축력이 나사산 중앙 구멍을 통해 로드셀의 중심선으로 향할 수 있도록 로드셀에 부착한다.

- **PWM Pulse-width modulation** – 고정 주파수나 가변 듀티 사이클을 사용하여 펄스 파형을 생성한다. PWM은 켜짐 시간과 꺼짐 시간의 비율을 변경하여 DC 모터 및 히터와 같은 개별 장치를 제어하는 데 사용된다.

- **Quadrature (square wave-in-quadrature)** – A와 B라는 두 개의 신호가 있는 증분형 센서 출력이다. 두 신호 사이에는 90° 위상 차이가 있으며, 신호의 전이 횟수는 변위를 나타내고, 위상 관계는 변위 방향을 나타낸다.

- **Quantization error** – 아날로그 값을 디지털 값으로 변환할 때, 주로 변환 프로세스의 분해능(예: 측정 클럭 주파수에 의해 제한됨)으로 인해 발생하는 불확실성이다.

- **Range** – 측정량이 측정하려는 값의 범위로, 0과 전체 범위로 제한된다.

- **Rated Capacity (Rated Load)** – 로드셀이 사양 내에서 측정하도록 설계된 최대 축 방향 하중이다.

- **Rated output** – 무부하 시 출력과 정격 부하에서의 출력 간의 대수적 차이이다.

- **Reference Standard** – 1차 표준과 관련하여 특성이 정확하게 알려진 힘 측정 장치이다.

- **Repeatability** – 동일한 조건에서 동일한 측정 장비를 사용하여 연속 측정할 때, 예상할 수 있는 지정된 편차이다. 즉, 동일한 하중이나 환경 조건에서 반복되는 하중에 대한 로드셀 출력 판독값 사이의 최대 차이를 의미한다.

- **Resolution** – 센서가 감지할 수 있는 측정량의 가장 작은 변화이며, 출력 신호에 변화를 일으키는 기계적 입력의 가장 작은 변화이다.

- **RTD Resistance temperature device** – 온도에 따라 거의 선형적으로 변화하는 저항을 갖는 온도 감지 저항기이다. 일반적으로 저항 요소는 백금으로 만들어지며, 저항은 일반적으로 0°C에서 100 또는 1000Ω이다.

- **Safety barrier** – 내적인 안전 시스템의 경우, 전압과 전류를 인화성 물질의 발화를 허용할 수 있는 수준 이하로 제한하기 위해 위험하지 않은 구역에 안전 장벽을 배치하고, 위험 구역으로 들어가는 전선과 직렬로 연결한다.

- **Safe Overload rating** – 안전한 과부하 정격은 장치나 장비가 정격 용량을 초과하여 영구적인 손상을 입거나 안전을 훼손하지 않고, 일시적으로 견딜 수 있는 최대 부하 또는 응력을 나타낸다. 이는 허용 가능한 한도 내에서 구조적 무결성과 기능을 유지하면서 단기 과부하를 수용하도록 설계된 지정된 안전 여유이다.

- **Sensing face** – 작동 거리가 측정되는 대상과 평행한 근접 센서의 표면이다.

- **Sensitivity** – 입력 측정량의 변화량에 따른 출력 신호의 변화량 비율을 의미하며, 기계적 입력에 대한 출력 변화의 비율이다.

- **Sensor** – 일반적으로 특정 물리량 입력에 대응하여 사용 가능한 출력 신호나 정보를 제공하는 입력 장치로 정의된다. 측정할 물리량 입력을 측정량(measurand)이라고 하며, 출력에 나타나는 응답을 유발하는 방식으로 센서에 영향을 준다. 목적에 따라 센서는 입력 측정량을 대표하는 원하는 전기 출력을 생성한다. 출력은 조건에 따라 조정되어 수신 전자 장치(예: 표시기, 컨트롤러, 컴퓨터 또는 PLC)에서 사용할 있도록 준비된다.

- **Shunt Calibration** – 회로 내의 적절한 지점 사이에 알려진 션트 저항기를 삽입하여 로드셀 출력의 전기적 시뮬레이션이다.

- **Shunt-To-Load Correlation** – 전기적으로 시뮬레이션된 부하와 실제 적용된 부하를 통해 얻은 출력 판독값의 차이이다.

- **Side Load** – 축 방향으로 적용 지점에서 1차 축에 대해 90도 작용하는 모든 하중이다.

- **Signal conditioning** – 여기, 증폭, 필터링, 아날로그-디지털 및/또는 디지털-아날로그 변환, 온도 보상, 선형화 및 원하는 출력을 생성하는 기타 기능과 같은 변환기를 활용하기 위해 필요할 수 있는 전자 회로이다.

- **Smart sensor** – 향상된 정보 품질과 추가 정보를 제공하기 위해 하나 이상의 마이크로컨트롤러를 통합한 센서이다. 여기에는 선형화, 온도 보상, 디지털 통신, 원격 교정, 때로는 모델 번호, 일련 번호, 범위 또는 기타 정보를 원격으로 읽는 기능 등이 포함될 수 있다.

- **Span** – 풀 스케일과 제로의 차이이다.

- **SSI (Serial Synchronous Interface)** – 데이터가 센서 내의 레지스터에서 컨트롤러 또는 기타 수신 장치의 레지스터로 기록되는 인코더 응용 등에 일반적으로 사용되는 직렬 통신 프로토콜이다. 2개의 전선은 신호용으로 사용되고, 2개의 전선은 전원용으로 사용되며, 신호 입력은 광학적으로 결합된다.

- **Stability** – 시간이 지나더라도 출력 전압과 같은 성능을 유지하는 센서 또는 기타 장치의 능력이다.

- **Standard test conditions** – 측정이 이루어져야 하는 환경 조건이 다른 조건에서 측정할 때, 서로 다른 시간과 장소에 있는 다양한 관찰자 사이에 불일치가 발생할 수 있다.

- **Static error band** – 다른 효과(예: 온도 민감도)를 무시하고 실온에서 비선형성, 히스테리시스 및 반복성으로 인한 순 효과이다. 일반적으로 3 가지 개별 사양의 RSS(제곱근 합)로 합산된다.

- **Strain** – 변형률은 적용된 응력에 반응하여 재료가 경험하는 변형 또는 모양 변화를 측정한 것이다. 이는 일반적으로 재료의 원래 길이 또는 치수에 대한 재료의 길이 또는 치수 변화의 비율로 정의된다. 변형률은 무차원 수량 또는 백분율로 표현될 수 있다.

- **Strain gauge** – 스트레인 게이지의 아주 작은 양의 움직임(스트레인)과 함께 힘의 변화가 가해질 때 저항을 변화시키는 힘 감지 장치이다.

- **Strain Measurement(변형률 측정)** – 구조물에 힘이 가해질 때 구조물의 길이 변화와 원래 길이의 치수의 비율이다.

- **Stress** – 재료 또는 구조 구성 요소에 단위 면적당 적용되는 힘이다. 일반적으로 파스칼(Pa) 또는 평방 인치당 파운드(psi)와 같은 압력 단위로 측정되며, 외부 힘, 열 효과 또는 기타 요인으로 인해 발생할 수 있다.

- **Stress relaxation** – 응력 완화는 일정한 변형이나 변형을 받을 때, 시간이 지남에 따라 재료 내에 내부 응력이 점진적으로 감소하는 것이다. 일정한 하중 하에서 변형되는 크리프(creep)와 달리 응력 완화는 재료가 일정한 변형을 겪을 때 발생하여 내부 응력 수준이 감소한다. 이러한 현상은 폴리머 및 특정 금속과 같은 점탄성 재료에서 흔히 관찰되며, 시간이 지남에 따라 재료의 기계적 거동 및 성능에 영향을 미칠 수 있다.

- **Synchronous (or synchronized)** – 한 장치의 타이밍 기능이 적어도 하나의 다른 장치의 타이밍 기능을 제어하는 두 개 이상의 장치 사이의 관계이다. 예를 들어, 두 개의 동기식 LVDT를 사용하면 한 LVDT의 여기가 두 번째 LVDT의 여기를 제어하여 발진 주파수 사이에 약간의 차이라도 있을 경우 발생할 수 있는 비트 주파수를 방지한다. 비트 주파수는 두 여기 주파수 사이의 차이이다.

- **Temperature compensation** – 온도 변화로 인해 센서의 출력 신호에 어느 정도 감도가 있는 경우 온도 보상이라고 하는 반대의 양의 보정이 적용될 수 있다.

- **Temperature drift** – 지정된 주변 온도 범위 내의 온도 변화로 인한 스위칭 포인트의 변화를 나타내는 데 사용되는 사양이며, 감지 거리의 백분율로 표시된다.

- **Temperature Range (Compensated)** – 특정 한계 내에서 정격 출력과 제로 밸런스를 유지하기 위해 로드셀이 보상되는 온도 범위이다.

- **Terminal Resistance Corner To Corner** – 부하가 가해지지 않고 여자 및 출력 단자가 개방 회로된 상태에서 표준 온도에서 특정 인접 브리지 단자에서 측정된 로드셀 회로의 저항이다.

- **Terminal Resistance Input** – 부하가 가해지지 않고 출력 단자가 개방 회로된 상태에서 표준 온도의 여자 단자에서 측정된 로드셀 회로의 저항이다.

- **Thermistor** – 저항의 양으로 주변 온도를 나타내는 저항 장치이다.

- **Thermocouple** – 냉접점과 열접점으로 구성된 바이메탈 온도 변환기이다. 두 접합점 사이의 온도 차이로 인해 열전쌍 쌍의 끝 부분에 전압 차이가 발생한다. 때로는 감지 열전대를 형성하는 전선이 두 개만 있도록 냉접점을 전자 회로로 시뮬레이션한다.

- **Transducer** – 에너지를 한 형태에서 다른 형태로 바꾸는 장치이며, 더 구체적으로는 입력 에너지를 출력 에너지로 변환하는 장치이다. 일반적으로 출력 에너지는 입력 에너지와 다른 형태일 수 있지만, 입력과 관련이 있다.

- **Transmitter** – See current loop transmitter.

- **Ultimate Overload Rating** – 구조적 고장을 일으키지 않고 적용할 수 있는 정격 용량의 최대 하중(백분율)이다.

- **Warm up** – 지정된 허용 오차 내에서 안정적인 출력 전압을 제공하는 등 센서가 지정된 성능 매개변수에 도달하기 위해 전원을 켠 후, 필요한 시간이다.

- **Y-intercept** – 출력 신호 대 측정량의 그림에서 데이터를 통해 최상의 직선을 그릴 때, Y절편은 최상의 직선이 y축과 교차하는 지점이다.

- **Zero** – 측정량 또는 출력 신호의 최소값이다.

- **Zero Balance** – 부하가 적용되지 않은 로드셀의 출력 신호 정격 여자로, 일반적으로 정격 출력의 백분율로 표시된다.

- **각도 하중, 동심** – 적용 지점에서 기본 축과 동심원으로 적용되고 기본 축에 대해 일정 각도로 적용되는 하중이다.

- **각도 하중, 편심** – 적용 지점에서 기본 축과 편심으로 적용된 하중과 기본 축에 대해 일정 각도로 적용된 하중이다.

- **겉보기 변형률** – 겉보기 변형률은 힘 요소 변형률에서 비롯되지 않는 게이지 저항의 모든 변화를 나타낸다. 이는 스트레인 게이지의 열 계수와 게이지와 테스트 표본 사이의 팽창 분산 사이의 상호 작용에서 발생한다.

- **공칭 감지 거리** – 접근하는 대상이 근접 출력을 활성화(상태 변경)하는 거리이며, 이를 정격 작동 거리라고도 한다.

- **과부하 등급** – 정격 용량의 최대 부하(백분율)로, 지정된 것 이상의 성능 특성에 영구적인 변화를 일으키지 않고 적용할 수 있다. 과부하 정적 등급 궁극적인 외부 한계나 구조적 결함을 일으키지 않고, 하나의 궁극적인 정적 외부 하중 한계의 200%만 공칭 하중 제한 용량의 100%와 동시에 적용할 수 있다.

- **누설 전류** – 출력이 "꺼짐" 상태이거나 전원이 차단된 경우, 출력을 통해 흐르는 전류이다.

- **다축 센서** – 여러 직교 축을 따라 동시에 힘이나 움직임을 측정할 수 있는 센서이다. 가속도계 또는 자이로스코프와 같은 고급 감지 요소를 사용하는 다축 센서는 정밀한 모션 제어, 관성 항법 및 항공 우주 응용 분야에 필수적인 복잡한 공간 움직임에 대한 포괄적인 데이터를 제공한다.

- **단락 보호** – 단락 상태가 변경 없이 무기한 존재할 때 센서가 손상되지 않도록 보호된다.

- **동력전달장치 샤프트** – 트랜스퍼 케이스의 출력에서 액슬로 토크를 전달하는 양쪽 끝에 U-조인트가 있는 강철 튜브이다.

- **반복성** – 활성 감지 영역에서 동일한 거리에 있는 물체를 감지하기 위한 센서의 반복 정확도이다. 감지 거리의 백분율로 표시되거나 특정 측정 값으로 계산될 수 있다.

- **부하** – 기능을 수행하기 위해 전력을 소비하는 장치이다.; 물리적으로 표현하면, 변환기에 적용되는 무게, 토크 또는 힘이다.

- **서미스터** – 서미스터는 전기 저항이 온도에 따라 크게 변하는 저항기 유형이며, "서미스터"라는 단어는 "열"과 "저항기"의 조합이다. 서미스터는 온도 저항 계수가 높은 반도체 재료로 만들어지며, 이는 저항이 온도 변화에 따라 크게 변경됨을 의미한다. 서미스터에는 두 가지 주요 유형이 있다.

- 반비례 온도 계수(NTC) 서미스터: NTC 서미스터에서는 온도가 증가함에 따라 저항이 감소한다. 이러한 유형의 서미스터는 전자 장치의 온도 제어, 온도 보상 및 과전류 보호와 같은 온도 감지 응용 분야에 일반적으로 사용된다.

- 정비례 온도 계수(PTC) 서미스터: PTC 서미스터에서는 온도가 증가함에 따라 저항이 증가한다. PTC 서미스터는 자체 조절 히터, 과전류 보호 및 모터 시동 회로와 같은 응용 분야에 자주 사용된다.

  서미스터는 다른 온도 센서에 비해 상대적으로 작은 크기, 빠른 응답 시간 및 높은 감도를 포함하여 온도 감지에 여러 가지 이점을 제공한다. 정밀한 온도 측정 및 제어를 위해 자동차, 가전 제품, 의료 기기 및 산업 자동화를 포함한 다양한 산업 분야에서 널리 사용된다.

- **아날로그 출력** – 출력 전압은 대상에서 센서의 활성 표면까지의 거리에 비례한다.

- **안정화 기간** – 측정 중인 매개변수의 추가 변경이 허용 가능한지 확인하는 데 필요한 시간이다.

- **열전대** – 열전대는 한쪽 끝이 함께 결합된 두 개의 서로 다른 전도성 재료로 구성된 온도 센서 유형이다. 접합된 재료의 길이를 따라 온도 구배가 있으면 온도 차이에 비례하는 전압 차이가 생성된다. 이러한 현상을 제벡 효과(Seebeck effect)라고 하며, 열전대는 일반적으로 단순성, 내구성, 넓은 온도 범위 및 상대적으로 저렴한 비용으로 인해 다양한 산업, 과학 및 소비자 응용 분야의 온도 측정에 사용된다. 다른 유형의 온도 센서가 적합하지 않을 수 있는 상황에서 사용되는 경우가 많다.

- **유효 작동 거리** – 지정된 온도 및 전압에서 측정된 개별 근접 스위치의 작동 거리이다. 제조 공차의 변동을 고려한다.

- **잔류 전압** – 전원이 공급되고 최대 부하를 전환하는 동안 센서 출력을 가로지르는 전압이며, 센서의 전압 강하이다.

- **전단** – 반대 응력에 평행한 평면을 따라 물체를 분할하는 경향이 있는 힘이다.

- **전위차계** - 종종 "포트"라고 하는 전위차계는 회로의 전기 저항을 수동으로 제어하기 위해 사용하는 가변 저항기 유형이다. 일반적으로 길고 좁은 저항 재료 스트립인 저항 요소로 구성되며, 길이를 따라 조정할 수 있는 와이퍼라고 하는 가동 접점이 있다. 전위차계에는 3개의 단자가 있는데, 저항 소자의 2개의 고정 끝과 와이퍼에 연결된 1개의 단자, 와이퍼에 부착된 손잡이 또는 샤프트를 돌리면 와이퍼 단자와 고정 단자 중 하나 사이의 저항을 변경할 수 있다. 이러한 조정은 저항 소자의 전압 분배를 변경한다. 전위차계는 일반적으로 오디오 장비의 볼륨 제어, 디스플레이의 밝기 제어, 라디오의 회로 튜닝과 같은 작업을 위해 다양한 전자 회로에 사용된다. 전압을 조정하거나 회로의 매개변수를 수동으로 제어하는 간단하고 비용 효율적인 수단을 제공한다. 또한 전위차계는 회전식(노브) 전위차계 및 슬라이드 전위차계를 포함한 다양한 유형으로 제공되어 다양한 애플리케이션 요구 사항에 적합하다.

- **절연 저항** - 로드셀 회로와 로드셀 구조 사이에서 측정된 DC 저항. 일반적으로 50볼트에서 표준 테스트 조건에서 측정된다.

- **정격 용량(정격 부하)** - 변환기가 사양 내에서 측정하도록 설계된 최대 축 방향 하중이다.

- **정격 작동 거리** - 공칭 작동 거리라고도 하며, 제조 허용 오차나 온도 또는 전압의 변동을 고려하지 않는다.

- **정격 출력** - 정격 출력은 정격 입력 또는 작동 조건에 노출될 때 변환기 기반 센서에 의해 생성되는 지정된 전기 신호를 나타낸다. 이는 센서의 최대 정격 입력에 해당하는 전기 출력 신호의 예상 크기를 나타내며, 일반적으로 전압, 전류 또는 디지털 데이터로 표현된다.

- **참조 표준** - 1차 표준을 기준으로 특성이 정확하게 알려진 힘 측정 장치이다.

- **최대 부하 전류** - 근접 센서가 지속적으로 작동할 수 있는 최대 전류이다.

- **최소 돌입 전류** - 근접 센서를 짧은 시간 동안 작동할 수 있는 최대 전류 수준이다.

- **최소 부하 전류** - 안정적인 작동을 유지하기 위해 센서에 필요한 최소 전류량이다.

- **축방향 하중** – 기본 축과 동심인 선을 따라 적용되는 하중이다.

- **측정된 매체** – 가속도, 힘, 질량 또는 토크와 같이 측정되는 물리적 수, 속성 또는 상황이다.

- **편향** – 무부하와 정격 하중 조건 사이의 로드셀의 1차 축을 따른 길이의 변화이다.

- **폐색** – 폐색은 일반적으로 단단한 물체나 물질에 의해 통로나 개구부를 막거나 막는 것을 의미한다. 의학적 맥락에서 그것은 혈관, 기도 또는 기타 신체 통로의 막힘을 나타낼 수 있다. 센서 응용 분야에서는 물체가 감지 요소를 방해할 때, 폐색이 발생하여 측정의 정확도 또는 신뢰성에 영향을 미칠 수 있다.

- **표준 테스트 조건** – 다른 조건에서 측정할 때 측정해야 하는 환경 조건으로 인해 서로 다른 시간과 장소에서 다양한 관찰자 간에 불일치가 발생할 수 있다. 이러한 조건에 대한 예는 다음과 같다 : 온도 23°C ±2°C (73.4도 ±3.6°F).

- **피로 용량** – 공칭 하중 한계 용량의 백분율로 표시되는 용량으로, 0에서 전체 피로 용량까지의 100 × 106 사이클(최소) 및 전체 피로 용량 장력에서 전체 피로 용량 압축 하중까지의 50 × 106 사이클(최소)을 기준으로 한다.

- **하중** – 변환기, 셀 또는 센서에 적용되는 힘, 무게 또는 토크이다.

- **활성 표면** – 전자기장이 방출되는 센서의 부분이다.

C 찾아보기

ㅇ

ㅊ

기타

▌ 저자약력

김현후
(주)엠젠 기술고문
두원공과대학교 반도체디스플레이과 교수(전)
뉴저지공대 박사

최병덕
성균관대학교 전기전자공학부 교수
삼성디스플레이 수석연구원 (전)
아리조나주립대 박사

반도체 센서

발행일 | 2024년 12월 16일

저 자 | 김현후 · 최병덕

발행인 | 모흥숙
발행처 | 내하출판사
주 소 | 서울 용산구 한강대로 104 라길 3
전 화 | TEL : (02)775-3241~5
팩 스 | FAX : (02)775-3246

E-mail | naeha@naeha.co.kr
Homepage | www.naeha.co.kr

ISBN | 978-89-5717-585-9 93560
정 가 | 24,000원

- **(국문)** 이(성과물)은 산업통상자원부 '산업혁신인재성장지원사업'의 재원으로 한국산업기술진흥원(KIAT)의 지원을 받아 수행된 연구임. (2024년 반도체특성화대학원지원사업(성균관대학교), 과제번호: P0023704)
- **(영문)** This research was funded and conducted under 「the Competency Development Program for Industry Specialists」of the Korean Ministry of Trade, Industry and Energy (MOTIE), operated by Korea Institute for Advancement of Technology (KIAT).
(No. P0023704, Semiconductor-Track Graduate School(SKKU))